JN207434

リーマンに学ぶ複素関数論

—1変数複素解析の源流—

高瀬正仁 著

現代数学社

まえがき

──アーベル関数論への道を開く──

　リーマンは学位論文「1 個の複素変化量の関数の一般理論の基礎」（1851 年）において，複素変数関数論の基礎理論を構築しました．本書のねらいは，この論文に現れたリーマンのアイデアを再現することですが，本論に入る前に，リーマンのいう基礎理論の全容を概観しておおよその見取図を描いておきたいと思います．

ベルリンにて

　複素変数関数論の基礎理論の建設ということを考えようとすると，コーシー，ヴァイエルシュトラス，それにリーマンという 3 人の数学者の名が即座に念頭に浮びます．複素変数の関数という基本概念が根幹を作っているところは同じですが，理論形成の契機について考えていくためには，ひとりひとりが直面した数学的状況の姿を観察する必要があります．コーシーのねらいは従来の微積分では困難を強いられる実定積分の数値の算出にあり，そのためにコーシーは今日の語法でいう留数解析の手法を提案することになりました．これに対し，ヴァイエルシュトラスとリーマンの目に映じていたのは楕円関数論と代数関数論の世界でした．源流にさかのぼるとオイラーに出会い，流れに沿ってラグランジュ，ルジャンドルとたどり行けば，やがてアーベルとヤコビが開いた肥沃な土地に到達します．アーベルは完全に一般的な代数関数の積分を考察して加法定理を発見し，ヤコビはアーベルの加法定理の真相の究明の中から「ヤコビの逆問題」という基本問題を造型しました．この問題を解くことが，若い日のリーマンとヴァイエルシュトラスの目標になりました．

ヤコビの逆問題を解決するために，リーマンもヴァイエルシュトラスも複素変数関数論の整備から出発しましたが，考え方に個性があり，めいめいが独自の道を開いていきました．ここではヴァイエルシュトラスのことは措いてもっぱらリーマンを語ることにしたいと思います．

　リーマンは 1826 年 9 月 27 日にハノーファー王国のプレゼンツというところに生れました．ギムナジウムを経て，ガウスのいるゲッチンゲン大学に入学したのは 1846 年の春 4 月のことで，当初は数学ではなく，文献学と神学の学生として登録したということですが，数学に寄せる関心は強く，数学の講義の聴講も続けました．1 年後にはベルリン大学に移って 2 年の歳月をすごし，ここでヤコビ，アイゼンシュタイン，ディリクレの講義を聴講しています．3 人とも巨大な創意に満ちた数学の心の持ち主で，それぞれの仕方でリーマンに深い影響を及ぼしたことは想像に難くありません．アイゼンシュタインとは複素変数関数とは何かというテーマをめぐって語り合ったということですし，ディリクレの講義には「ディリクレの原理」を学びました．ヤコビの逆問題に関心を寄せるようになったのも，ベルリンでヤコビを知ったことが直接のきっかけになったのであろうと思われます．

関数の発見とリーマン面の発見

　1849 年，リーマンはゲッチンゲン大学にもどり，1851 年 11 月，学位論文「1 個の複素変化量の関数の一般理論の基礎」を提出し，12 月に入ってガウスの審査を受けました．

　リーマンは「複素変数の関数とは何か」という問いかけから説き起こしました．実変数の関数の場合には，「1 価対応」というディリクレが提案した概念規定（その淵源はオイラーです）がありますが，これをそのまま複素変数関数に適用してもリーマンの意にかなう概念にはなりません．リーマンの心のカンバスには，言葉による定義に先立って「意にかなう関数」の像が描かれていて，その正体のいかなるものかを十分によく承知していました．それを日常の言葉で言い表そうとするところに，

言い換えると「定義」を書き下そうとするところにリーマンの苦心がありました．その粘り強く重厚な思索の跡を，リーマンはありのままに綴っています．

　リーマンが関数として認定したのは，今日の語法でいう正則関数，もしくは解析関数で，その特徴は「コーシー＝リーマンの方程式」と略称される偏微分方程式系を満たすというところに現れています．ところが，この関数には解析接続と呼ばれる不思議な現象が現れて，「関数でありうる領域」が先天的に附随しています．実変数の関数の場合には，まずはじめに「関数を考える場所」，言い換えると定義域と呼ばれる場所を指定して，そこで関数を考えるという順序で進んでいきますが，リーマンのいう複素変数の関数の場合には，関数の定義域は天然自然に個々の関数に随伴し，しかもその場所は複素数域内にとどまるとは限りません．関数を考える場所を複素数域に限定し，その場所で関数を考えるという構えをとると，明るみに出されるのは関数の局所的な性質ばかりです．関数の全容，言い換えると大域的な諸性質を観察するには，一般に複素平面内におさまることのない関数の定義域そのものを把握する手立てが必然的に要請されます．では，どうしたらよいのでしょうか．

　この論点が分岐点になって，ヴァイエルシュトラスとリーマンの道が分かれていきました．リーマンはガウスに由来するガウス平面（別称は複素平面）のアイデアと，同じガウスの曲面論に示唆を得て，リーマン面というアイデアを提案しました．関数の定義を書いたことをリーマンの第1の創意とすると，リーマン面のアイデアは第2の創意に数えられます．複素変数関数に関するリーマンの基礎理論はこの二つのアイデアに支えられています．

リーマン面上の関数

　ガウス平面はそれ自体としては幾何学にいう平面にほかならないにもかかわらず，複素数の全体がさながら薄膜のようにそこにはりついている状況が想定されていることにより，リーマンのいう関数をガウス平面

で考えることができます．それと同様に，リーマン面それ自体は実次元2の幾何学的な図形にすぎませんが，局所的に観察すると複素数の作る薄膜がはりついていることが諒解され，そのおかげでリーマンのいう関数をリーマン面上で考えることが許されます．

リーマン面上の関数とは何かと問われたら，まずはじめにリーマン面という名の曲面から複素数域への 1 価対応であると応じます．ディリクレが実変数関数の場で提示した関数概念がここに生きています．続いて，局所的に観察するとリーマンのいう意味における関数になっているという属性を附与すると，これでリーマン面上の関数の概念が確定します．ただし，確定したのは概念のみであり，実際に関数が存在するか否かはまだわかりません．

正確を期すと，もう少し話を詰めて関数の特異点とリーマン面の分岐点をめぐって議論を深めていかなければなりませんが，このような一系の手順を重ねることにより，たとえば代数関数は代数関数のリーマン面上で考察し，対数関数は対数関数のリーマン面上で考察するということが可能になります．アーベル関数論という名の独自の代数関数論へと向うための強固な橋頭堡が，こうして建設されました．

アーベル関数論のために

複素変数関数の基礎理論の建設にあたり，リーマンの念頭にあったのは代数関数論でした．この理論で主役を演じるのは代数関数の積分で，今日の語法ではアーベル積分という呼称が定着していますが，リーマンはこれを「アーベル関数」と呼び，1857 年の大きな論文「アーベル関数の理論」においてヤコビの逆問題の解決を報告しました．それがリーマンにおける代数関数論の姿です．

代数関数から出発してそのリーマン面を作ると「閉じたリーマン面」が生成されますが，方向を逆転して閉じたリーマン面から出発するところに，リーマンに独自の創意が現れています．代数関数は閉じたリーマン面で定まるという考えです．リーマンは代数関数の積分，すなわち

リーマンのいうアーベル関数を次のように 3 種類に区分けして，それぞれの存在証明に臨みました．

いたるところで有限な関数（第 1 種積分）
面 T のある点において 1 位の無限大になる関数（第 2 種積分）
面 T の二つの点において対数的に無限大になる関数（第 3 種積分）

特異点をもたない関数が第 1 種積分で，第 2 種積分と第 3 種積分には特異点が伴っています．リーマンはこのような 3 種類の関数が実際に存在することを，ディリクレの原理により確認しました．証明に瑕疵があり，ヴァイエルシュトラスの指摘を受けるというエピソードが生れたのは，まさしくこの場面においてのことでしたが，アーベル関数の存在を支える基本原理を提示するところまでが，リーマンのいう複素関数論の基礎理論です．

本書はリーマンの言葉に丹念に耳を傾けて，リーマンの心情に寄り添いながら学位論文を読み解くことをめざします．リーマンに共鳴し，共感する多くの読者に恵まれるよう，心から期待しています．

2019 年 4 月 25 日
高瀬正仁

【参考文献】

- 『リーマン論文集』（朝倉書店，2004 年）
  リーマンの学位論文と「アーベル関数論」の邦訳が収録されています．

- 高瀬正仁『リーマンと代数関数論 —西欧近代の数学の結節点』（東京大学出版会，2016 年）
  楕円関数論のはじまりから説き起こし，アーベルの加法定理，ヤコビの逆問題の造型と進み，リーマンのアーベル関数論を詳述しました．

凡例

複素数の表記について

　複素数を実部と虚部に分けて表示する際，虚数単位 $i = \sqrt{-1}$ と虚部の配置に定まった規則はありません．リーマンは学位論文では $x+yi$ と表記していますが，「束縛のない変化量の関数の研究のための一般的諸前提と補助手段」ではコーシー＝リーマンの方程式を

$$i\frac{\partial w}{\partial x} = \frac{\partial w}{\partial y}$$

という形に書きました．ガウスの論文「4 次剰余の理論第 2 論文」(1832年) では $a+bi$ と表記されています．オイラーの論文 [E 108] 「負数と虚数の対数に関するライプニッツとベルヌーイの論争」(1749 年．1751年刊行) には，

$$\cos\frac{2\lambda\pi}{n} \pm \sqrt{-1}\,\sin\frac{2\lambda\pi}{n}, \quad y = \pm 2\lambda\pi\sqrt{-1}, \quad A \pm 2\pi\sqrt{-1}$$

などという表記が見られます．

　日本の数学書を参照すると，高木貞治『解析概論』(岩波書店) には $x+yiu_x+iv_x$ という表記があり，杉浦光夫『解析入門』(東京大学出版会) の表記は $x+iy$ です．オイラーの名とともに語られることの多い等式に $e^{i\pi} = -1$ がありますが，$e^{\pi i} = -1$ という表記も有力です．

　複素数の表記に決った約束はありません．本書はさまざまな場面において紛れがないように配慮して，そのつど適切と思われる位置に虚数単位を自由に配置しました．

変数と変化量について

　リーマンの学位論文の表題には「複素変化量の関数」という言葉が見られますが，今日の語法では一般に「変化量」ではなく「変数」という言葉が用いられて，「複素変数の関数」という言葉が定着しています．リーマン以降，「数」と「量」の関係が変遷してそのようになりました．本書はおおむねリーマンの語法に沿って「複素変化量の関数」と表記することにしましたが，習慣上定着した言い回しもあるため完全に統一することはできず，「変化量」と「変数」が混在しています．「変数」の一語はつねに「変化量」と読み替え可能です．

目　次

第 1 章　対数の無限多価性の回想

微分式の変数の虚変換

　数学に虚数を導入しようとする試みは西欧近代の数学のはじまりのころにすでに随所に顔を出していますが，関数の場合には，第一着手として「ヨハン・ベルヌーイの等式」

$$\frac{\log\sqrt{-1}}{\sqrt{-1}} = \frac{\pi}{2}$$

を挙げるのがもっとも適切であろうと思います．この等式はまったくまちがっているわけではありませんが，そうかといって正しいとも言い切れない神秘的な印象に覆われています．オイラーが関数の概念を導入したのは 1748 年．この年，オイラーの著作『無限解析序説』（全 2 巻）が刊行され，第 1 巻の第 1 章で関数の概念が語られました．それ以前には関数の概念は存在しませんが対数は存在し，しかもヨハン・ベルヌーイの等式には虚数 $\sqrt{-1}$ の対数まで顔を出しています．

　ヨハンの全集（全 4 巻，1742 年）の第 1 巻，399 頁を見ると，

　　同様に微分 $adz : (bb+zz)$ は虚対数の微分 $-adt : 2bt\sqrt{-1}$ に変換
　　される．（on transformera de même la différentielle adz :
　　$(bb+zz)$ en $-adt : 2bt\sqrt{-1}$ différentielle de Logarithme
　　imaginaire)

という一文が目に入ります（この手紙はフランス語で書かれています）．a と b は実数として，変数変換

$$t = \frac{-z\sqrt{-1}+b}{z\sqrt{-1}+b}$$

を行うと，微分式の変換

$$\frac{adz}{b^2+z^2} = -\frac{adt}{2bt\sqrt{-1}}$$

が生起するというのがヨハンの言葉の内容で，かんたんな微分計算により容易に確かめられる事実です．実際，

$$dt = \frac{-\sqrt{-1}(z\sqrt{-1}+b)-(-z\sqrt{-1}+b)\sqrt{-1}}{(z\sqrt{-1}+b)^2}dz$$

$$= \frac{-2b\sqrt{-1}\,dz}{(z\sqrt{-1}+b)^2}.$$

これを代入して計算を進めると，

$$-\frac{adt}{2bt\sqrt{-1}} = -\frac{a}{2b\sqrt{-1}} \times \frac{z\sqrt{-1}+b}{-z\sqrt{-1}+b} \times \frac{-2b\sqrt{-1}\,dz}{(z\sqrt{-1}+b)^2}$$

$$= \frac{adz}{(-z\sqrt{-1}+b)(z\sqrt{-1}+b)} = \frac{adz}{b^2+z^2}$$

となります．これで確かめられました．

　この虚数を伴う不思議な変数変換は，ヨハン・ベルヌーイがオランダのグロニンゲンに滞在した時期に書いた手紙（宛先は不明です）に記されています．その手紙の日付は 1702 年 8 月 5 日であることに，ここでくれぐれも留意しておきたいと思います．

「ヨハン・ベルヌーイの美しい発見」

　ヨハン・ベルヌーイが実際に書き留めたのは虚数を含む変数変換による微分式の変換のみであり，上記の「ヨハン・ベルヌーイの等式」そのものというわけではありません．それにもかかわらず，オイラーは

「負数と虚数の対数に関するライプニッツとベルヌーイの論争」ベルリン王立科学文芸アカデミー紀要，第5巻（1749年．刊行年は1751年），139-179頁．オイラー全集，第1シリーズ，第17巻，195-232頁．

という論文において「ヨハン・ベルヌーイの等式」を紹介し，これを

「円の面積を虚対数に帰着させるというベルヌーイの美しい発　見（La belle découverte de Mr.Bernoulli, de ramener la quadrature du cercle aux logarithmes imaginaires)」（ベルリン王立科学アカデミー紀要，第5巻，174頁）

と呼びました．掲載誌のベルリン王立科学アカデミー紀要の第5巻が刊行されたのは1751年ですが，論文が科学アカデミーに提出されたのはもっと早く，1747年9月7日と記録されています．

　ここからは $b = 1$ と定めて計算を進めます．この場合，変数変換式は

$$t = \frac{-z\sqrt{-1}+1}{z\sqrt{-1}+1}$$

という形になり，微分式の変換等式は

$$\frac{dz}{1+z^2} = -\frac{dt}{2t\sqrt{-1}}$$

という形になりますが，これより次のように計算を進めてベルヌーイの等式が得られます．

　等式 $t = \dfrac{-z\sqrt{-1}+1}{z\sqrt{-1}+1}$ を変形して z を t を用いて表示すると，

$$z = \frac{(t-1)\sqrt{-1}}{t+1}$$

となります．複素 t 平面上で t が $t = 1$ から $t = \sqrt{-1}$ まで，第1象限内に描かれた半径1の「4分の1円」に沿って移動するとき，z

はつねに実数であり，複素 z 平面において $z=0$ から $z=-1$ まで実軸に沿って移動します（図1, 2）．

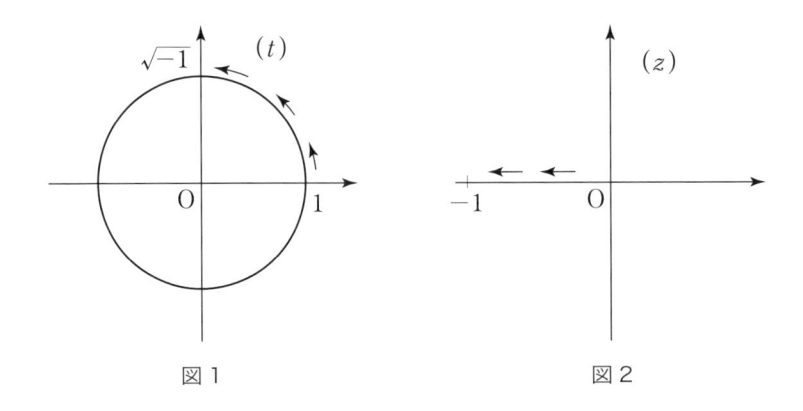

図1　　　　　　　　　　　　図2

実際, 実数であることは，$t\bar{t}=1$ に留意して z の複素共役を作ると，

$$\bar{z}=\overline{\left(\frac{(t-1)\sqrt{-1}}{t+1}\right)}=\frac{-(\bar{t}-1)\sqrt{-1}}{\bar{t}+1}$$

$$=\frac{-(1-t)\sqrt{-1}}{1+t}\quad(\text{分母と分子に }t\text{ を乗じました.})$$

$$=\frac{(t-1)\sqrt{-1}}{t+1}=z$$

となることにより判明します．また，$t=1$ のとき，$z=0$．$t=\sqrt{-1}$ のとき，

$$z=\frac{(\sqrt{-1}-1)\sqrt{-1}}{\sqrt{-1}+1}=\frac{-1-\sqrt{-1}}{\sqrt{-1}+1}=-1$$

となります．　そこで上記の微分等式 $\dfrac{dz}{1+z^2}=-\dfrac{dt}{2t\sqrt{-1}}$ において，左辺を複素 z 平面上で実軸に沿って $z=0$ から $z=-1$ まで積分して得られる数値と，右辺を複素 t 平面上で t が $t=1$ から $t=\sqrt{-1}$ まで，第1象限内の半径1の4分の1の円に沿って積分して得られる数値は一致します．左辺の積分は変数変換 $z=\tan\theta$ を行って計算すると，

$$\int_0^{-1} \frac{dz}{1+z^2} = \int_0^{-\frac{\pi}{4}} d\theta = -\frac{\pi}{4}$$

となります．また，右辺は

$$-\int_1^{\sqrt{-1}} \frac{dt}{2t\sqrt{-1}} = -\frac{\log\sqrt{-1}}{2\sqrt{-1}}$$

となり，虚数の対数がここに出現します．これらの二つの数値を等値すると，ベルヌーイの等式

$$\frac{\log\sqrt{-1}}{\sqrt{-1}} = \frac{\pi}{2}$$

が導かれます．

虚数の対数

ヨハン・ベルヌーイの等式により，虚数 $\sqrt{-1}$ の対数の値

$$\log\sqrt{-1} = \frac{\pi}{2}\sqrt{-1}$$

が求められました．これを得るために遂行した計算にまちがっているところはなく，それはそれで正しいのですが，ひとつ問題があります．それは何かというと，複素 t 平面上の 2 点 $t=1$ と $t=\sqrt{-1}$ を結ぶ道はただひとつではないという事実です．積分

$$\int_1^{\sqrt{-1}} \frac{dt}{t}$$

の値は道の取り方によりさまざまに変り，一般に無数の値がありえます．$\frac{\pi}{2}\sqrt{-1}$ はそれらの値のひとつにほかなりません．

ヨハン・ベルヌーイが書いた微分変換式 $\dfrac{dz}{1+z^2} = -\dfrac{dt}{2t\sqrt{-1}}$ から「ベルヌーイの等式」までの距離はほんの一歩のように見えますが，ヨハン自身がこれを認識していたのかどうか，そのあたりの消息は不明です．オイラーになると明確に認識し，しかもそれをヨハンに帰して「ヨハン・ベルヌーイの美しい発見」と呼びました．どのよ

うにしてそこに到達したのか，具体的な道筋はよくわかりません．上記のように積分路を指定して計算するのは今日の複素関数論に見られるごく普通の方法ですし，コーシーもガウスも承知していました．

ヨハン・ベルヌーイはオイラーの数学の師匠でした．そのヨハンと同様にオイラーもまた虚数に対して強固な実在感を抱いていて，虚数を内包する微分式や変数変換式をあたりまえのことのように受け入れていました．後年，ガウスは複素数の幾何学的認識をめざして複素平面のアイデアを導入しました．そのガウスのように，オイラーもまたガウスに先立って同じアイデアを手にしていたという想像は許されそうですし，ごく自然に心のカンバスに複素平面を広々と展開して積分路を描いていたのではないかという考えに，ついつい誘われてしまいます．

対数の無限多価性の発見

虚数 $\sqrt{-1}$ や負数 -1 の対数とは何かという論点をめぐってヨハン・ベルヌーイとライプニッツの間で議論が交わされた一時期がありました．ヨハンもライプニッツも「自乗すると負数 -1 になる数」というものをいぶかしく思うようなことはなく，かえって強固な実在感を抱き，正体をとらえようとして長期にわたっって語り合っていたのでした．手紙のやりとりを続けていたのですが，1744 年になって二人の往復書簡集が刊行されました．オイラーはそれを見て何事か，悟るところがあり，「負数と虚数の対数に関するライプニッツとベルヌーイの論争」という論文を書いたのでした．この論文が科学アカデミーに提出された 1747 年 9 月 7 日という日付を，ここで再び想起しておきたいと思います．

虚数や負数の対数にはオイラーも早くから着目していましたが，理解しがたいいくつものパラドックスにたちまち逢着してしまいますので，考えあぐねていた模様です．どれほど困惑したことか，そ

の様子は『無限解析序説』にも率直に語られていて，読む者の感慨を誘います．この著作が刊行されたのは1748年ですが，実際に執筆されたのは1745年です．この時点ではオイラーには迷いがありました．ライプニッツとヨハン・ベルヌーイの往復書簡集の刊行は1744年．論文「負数と虚数の対数に関するライプニッツとベルヌーイの論争」を書いたのは1747年．こんなふうに時系列に沿って諸文献を配列すると，オイラーの心事の移り行きがありありと見えてくるような思いがします．

ライプニッツもヨハン・ベルヌーイも，「数の対数」は，たとえその数が負数や虚数であっても，何かしら唯一の値を表していると想定し，その数値を手に入れようとして探索を試みていたのでした．あまりにも当然に見える想定であり，疑いを挟む余地はありそうにありませんし，オイラーも当初はそのように考えて混迷を深めていたのですが，あるときオイラーはある事実に気づきました．それは「対数の無限多価性」です．対数の値はひとつしかないと思って探索するからパラドックスにおちいるのであり，ライプニッツとヨハン・ベルヌーイの論争が一個の果実も摘まなかったわけはそこにあるのだという認識に，オイラーは達しました．認識の深まりもまた数学的発見であるということの，恰好の事例です．

複素変数とその虚変換，複素平面，複素平面上の経路に沿う積分，対数の無限多価性の認識に現れた解析接続の現象等々，一個のベルヌーイの等式には複素変数関数論の原風景が充溢しています．

変化量と不定量

リーマンの学位論文がゲッチンゲン大学に提出されたのは1851年11月のことでした．ドイツ語で書かれていて，表題は

"Grundlagen für eine allgemeine Theorie der Functionen einer veränderlichen complexen Grösse".

というのですが，これをそのまま訳出すると，

「1 個の複素変化量の関数の一般理論の基礎」

となります．「変数」ではなく，「変化量」という言葉が使われてい
て，見る者の心に際立った印象を刻みますが，ここでは「数」と「量」

I.

Grundlagen für eine allgemeine Theorie der Functionen einer veränderlichen complexen Grösse.

(Inauguraldissertation, Göttingen, 1851.)

1.

Denkt man sich unter z eine veränderliche Grösse, welche nach und nach alle möglichen reellen Werthe annehmen kann, so wird, wenn jedem ihrer Werthe ein einziger Werth der unbestimmten Grösse w entspricht, w eine Function von z genannt, und wenn, während z alle zwischen zwei festen Werthen gelegenen Werthe stetig durchläuft, w ebenfalls stetig sich ändert, so heisst diese Function innerhalb dieses Intervalls stetig oder continuirlich.([1])

Diese Definition setzt offenbar zwischen den einzelnen Werthen der Function durchaus kein Gesetz fest, indem, wenn über diese Function für ein bestimmtes Intervall verfügt ist, die Art ihrer Fortsetzung ausserhalb desselben ganz der Willkür überlassen bleibt.

Die Abhängigkeit der Grösse w von z kann durch ein mathematisches Gesetz gegeben sein, so dass durch bestimmte Grössenoperationen zu jedem Werthe von z das ihm entsprechende w gefunden wird. Die Fähigkeit, für alle innerhalb eines gegebenen Intervalls liegenden Werthe von z durch dasselbe Abhängigkeitsgesetz bestimmt zu werden, schrieb man früher nur einer gewissen Gattung von Functionen zu (functiones continuae nach Euler's Sprachgebrauch); neuere Untersuchungen haben indess gezeigt, dass es analytische Ausdrücke giebt, durch welche eine jede stetige Function für ein gegebenes Intervall dargestellt werden kann. Es ist daher einerlei, ob man die Abhängigkeit der Grösse w von der Grösse z als eine willkürlich gegebene oder als eine durch bestimmte Grössenoperationen

1*

リーマン学位論文題 1 頁

について立ち入って語ることはせずに，ひとまずこのままにしてお
きたいと思います．

　リーマンの複素関数論は実変数関数の概念の回想から始ります．
次に引くのは第1節の冒頭の一文です．

　　z はあらゆる可能な実値を次々ととりうる変化量としよう．そ
　　れらの値の各々に対して不定量 w のただひとつの値が対応する
　　なら，w は z の関数と呼ばれる．そうして z が二つの定まった
　　値の間にあるすべての値にわたって連続的に移り行くとき，w
　　もまた同様に連続的に変化するならば，この関数 w はこの区間
　　において連続であるという．

　変化量 z がとる実値の各々に対して不定量 w の値が対応するの
ですが，その「対応する値」の個数は「ただひとつ」と規定され
ています．「実値」の原語は reellen Werthe，「不定量」の原語は
unbestimmten Grösse です．今日の語法なら「実値」ではなく「実
数値」というところですから，z には「実変数」という言葉が該当
します．

　「不定量」という言葉もわかりにくい印象があります．変化量の
原語は veränderliche Grösse で，不定量と別の言葉で表記されてい
るために迷いが生じます．オイラーの流儀に従うと，一般に量は定
量と変化量に分けられますし，リーマンもまたオイラーの語法を踏
襲していると思われます．それならリーマンのいう不定量の実体は
変化量と同じものであることになりそうですが，不定量 w は変化
量 z の関数と考えられていますので，w のとりうる値は z の個々の
値に対応してそのつど定まります．さまざまな値を自律的に選択し
ていくのではないという光景がリーマンの心事に作用して，不定量
という言葉が選ばれたのではないかという思いに誘われます．

　w のとる値は実値と明記されているわけではなく，複素変化量，

すなわち複素数値をとる変化量としてもさしつかえありません．ここで肝心なのは w ではなく z のほうで，z は「実値」をとる変化量です．リーマンは複素変数関数に先立って実変数関数を語ろうとしているのでした．

オイラーに見る定量と変化量

　リーマンは変化量それ自体については何も語っていませんが，関数を語るうえで基本中の基本の概念ですのでオイラーの言葉に耳を傾けておきたいと思います．オイラーの著作『無限解析序説』については前に（第1頁）言及しましたが，第1巻の第1節には「関数についての一般的な事柄（De Functionibus in genere）」という表題が附せられています．

　「定量」とは，「一貫して同一の値を保持し続けるという性質を持つ，明確に定められた量」というのがオイラーが書いた定義です．これに続いて，「定量というのは，任意の種類の数のことにほかならない」と，オイラーは即座に言い添えました．「変化量」とは何かというと，「いっぱんにあらゆる定量をその中に包摂している不確定量，言い換えると，普遍的な性格を備えている量」のことです．ここに「不確定量」という言葉に出会いますが，その原語はラテン語の quantitas indeterminata で，前に「不定量」と訳出したドイツ語の unbestimmten Gösse と同じです．

　「あるひとつの変化量の中には，任意の種類の数がことごとくみな包摂されている」．「個の概念から種や属の概念が形成されるのと同様に，変化量というのは「属」なのであり，そこにはあらゆる定量が内包されている」と，オイラーの言葉が続きます．ありとあらゆる数というのは，正の数，負の数，整数，分数，非有理数，超越数などで，0と虚数さえ除外されることはありません．

　オイラーのいう変化量というのは大きな風呂敷包みのようなもので，その中にはあらゆる種類の数が包まれていますが，ただひとつ

の数しか包まれていないこともあり，そのような変化量は特に定量という名で呼ばれています．定量の風呂敷には1個の数しか入っていないのですから，定量はその数と同一視されて，さながら1個の数それ自身が定量のように目に映じます．

対応の1価性をめぐって

対応の規則はそのまま関数の名に転移しますが，リーマンはその対応に「1価性」の条件を課しました．これを言い換えると，zの個々の値に対応するwの値はただひとつしか存在しないということですから，リーマンは「1価対応」を指して関数と呼んでいることになります．ところが，これはディリクレによる関数の定義そのものです．ディリクレはこの関数概念を，フーリエ級数をテーマとする1837年の論文「まったく任意の関数の，正弦級数と余弦級数による表示について」において表明しました．関数概念の提示にあたってディリクレがなぜ1価性を課したのかというと，論文のテーマが「完全に任意の関数」のフーリエ級数展開の可能性を論じることだったからです．フーリエ級数に展開されうる関数が1価であるのは当然ですから，多価関数は最初から除外されました．

ディリクレにはディリクレに固有の事情があって1価性を課したのですが，オイラーにもまた独自の理由があり，1価性にこだわることはありませんでした．なぜかというと，オイラーの念頭には代数関数があったからです．もともとオイラーが関数概念を導入した契機は曲線にありました．曲線の解析的な源泉において関数を見るというアイデアが根底に横たわり，代数曲線は代数関数のグラフ，超越曲線は超越関数のグラフとして認識しようというのですが，代数関数は，有理関数は別にして，必ず多価関数です．

ではリーマンはどうしたかというと，関数の1価性を課しているところにディリクレの影響が感知されます．これでは代数関数を取り扱うことができなくなってしまいますが，リーマンにはこの壁を乗り越えることを可能にしてくれる卓抜なアイデアがありました．

それは代数関数の変数（リーマンの語法では変化量）を複素数域に拡大し，しかも複素平面上に広がるリーマン面において考察するというアイデアで，それを語ることがそのまま学位論文の主題を作っています．

関数の連続性

実変数関数の一般概念を提示したのちに，リーマンは連続関数について語りました．1価対応という，あまりにも一般的な関数概念に続いて，いきなり連続関数が登場するのはなぜなのでしょうか．このあたりには数学の形成史に内在する問題がひそんでいますが，ここではひとまず措いてリーマンの言葉に追随したいと思います．

変化量 z がとりうる値は「二つの定まった値の間にあるすべての値」というのですから，今日の語法では実数直線上の有界閉区間が考えられていることになります．その区間を $[a,b]$ として，z が a を出発して b に向かって連続的に移動していくという状況を想定し，z に対応してさまざまな値をとる w の変化の様子もまた連続的である様子が観察されるとき，w を区間 $[a,b]$ における連続関数とみるというのが，リーマンが書いた連続関数の定義です．「連続的に移り行く」という日常言語による言い回しはこれはこれで悪いわけではありませんが，リーマンはもう少し説明を要すると思った模様です．リーマンの全集に収録されている学位論文を参照すると，リーマンの書きものにはここに付記が添えられているということで，その付記が再現されています．「リーマンの書きもの」の原語は Riemann's Papiere です．リーマンの手もとに学位論文の下書きか清書稿かがあって，そこに書き加えられた記事であろうと思われます．次に挙げるのはその訳文です．

量 w が z とともに端点 $z=a$ と $z=b$ の間で連続的に変化するという言い回しのもとで，われわれはこれを次のような状況

のことと理解する．この区間において，z のどのような無限小変化に対しても，w の無限小変化が対応する．あるいはまた，もっと具体的にいうと，次のようになる．ある与えられた任意の量 ε に対し，つねに量 α を定めて，α より小さい z の区間の内部において，w の二つの値の差が決して ε より大きくないようにすることができる．これによって，関数の連続性から，特に強調されることはないとしても，関数の安定した有限性が導かれる．

リーマンはまず「無限小変化」という言葉を用いて関数の連続性を語り，続いて二つのギリシア文字 ε と α を使ってこれを書き直しました．内容は同じことですが，後者の言い回しは今日の語法でいう「イプシロン＝デルタ論法」による表記と同じであり，これによって連続性の概念はただ二つの不等式を書くことに帰着されます．

z は a から b に向かって区間 $[a,b]$ 上を連続的に移動していくというのですから，変化量 z という風呂敷には，この区間上の点に対応するすべての数値が包まれていることになります．それらの数値の各々に 1 個の数値が対応し，その対応する数値の全体が変化量 w にほかなりません．数に対して数が対応しています．この状況を描写するには必ずしも変化量という言葉を使わなくてもよさそうですが，区間 $[a,b]$ ということを言うには「数の集まり」ということを考えなければなりませんし，リーマンはそれを変化量の一語に託したのでしょう．「数の集まり」から「数の集まり」への対応というと，今日の語法に近い感じもあります．オイラーのいう変化量とはこのあたりが少々異なります．

連続性を表現するのにイプシロン＝デルタ論法を持ち出さなければならなくなったのは，1 価対応という関数概念があまりにも抽象的なことに起因して発生した現象です．変化量 z がほんのわずか動

くとき，その動きに呼応する w の動きもまたほんのわずかである
というふうに言い表せば十分のようでもありますが，1価対応とい
うことを語る場合，変化量に実体があって姿形を変えるわけではあ
りません．変化量は実は変化せず，そのために「わずかに変化する」
という語法から意味が失われてしまいます．そこで考案されたのが
イプシロン＝デルタ論法で，これなら不等式を二つ書くだけで連続
性の表現が可能になります．

　上記のリーマンによる書き込みの末尾に，「関数の連続性から，
特に強調されることはないとしても，関数の安定した有限性が導
かれる」という不思議な一文が見られます．「安定した有限性」の
原語は beständige Endlichkeit．「安定した」という訳語をあてた
beständige という言葉は，「（天気などが）いつも変わらない」とい
うことを意味する形容詞です．意味をとりにくいのですが，有界閉
区間上で連続関数を考えている場面でのことですし，「有界閉区間上
の連続関数の有界性」，具体的にいうと最大値と最小値」をもつとい
うことが含意されているような印象があります．

関数の姿を求めて

　関数の定義に続いて，リーマンは，定義域の延長の任意性という，
その定義に特有の性質を指摘しました．有界閉区間において連続関
数を考えるというあたりから見てとれるように，リーマンは関数の
定義域ということを認識していたようですが，1価対応を関数と見
る立場に立つ以上，定義域の延長は自由です．

　　この定義は明らかに，関数 w の個々の値相互の間にいかなる法
　　則もまったく規定していない．というのは，この関数がある定
　　区間において定められたとき，その区間の外部へのこの関数の
　　延長は完全に任意だからである．

これによると実変数関数の場合には定義域は自由に設定してさしつかえなく，定義域の設定には格別重い意味合いは伴っていないことになります．では，いったい関数の定義域というのは何でしょうか．

　今日の数学の語法では関数概念には必ず定義域が伴っていますが，複素変数関数論で取り扱われるのは抽象的な 1 価対応ではなく解析的な関数です．解析関数には解析接続という現象が付随しますから，定義域を人為的に指定するのは意味がなく，個々の関数ごとにおのずと定まってしまいます．実変数関数の場合には，リーマンはディリクレにならって抽象的な 1 価対応を関数として採用しましたが，複素変数関数の場合にはこれを退けて，今日の語法で解析関数と呼ばれる特定の関数の探索に向かっています．

　リーマンには何かしら特定の数学上のねらいがあり，そのために複素解析関数の姿をとらえようとしているのですが，根も葉もない概念を構築しようとしているわけではなく，心のカンバスには克明なイメージが描かれていたのであろうと思います．そのイメージに言葉の衣裳をまとわせることが，「定義する」という営為の本来の姿です．岡潔先生の「研究ノ記録其のノ六」と題されたノートを見ると，昭和 20 年（1945 年）12 月 27 日の記事の中に，

　定義が次第に変つて行くのは，それが研究の姿である．

という言葉が書き留められていて，しみじみと心を打たれます．リーマンの足取りは岡先生の言葉とぴったり重なります．

第 2 章 「関数」を求めて

オイラーの解析的表示式

　関数の探索を続けるリーマンの言葉を続けます.

　　量 w の z への依存性はある数学的法則により与えることができて, その場合には z の各々の値に対し, ある一定の量演算により, 対応する w が見出だされる. ある与えられた区間内の z のすべての値に対して, w の対応する値が同一の依存法則によって定められるという能力があると見られていたのは, かつてはある種の関数 (オイラーの用語での連続関数) だけであった.

　ここを読み解くうえで鍵をにぎっているのは,「ある数学的法則」と「オイラーの用語での連続関数」という二つの言葉です. 関数概念をはじめて提案したのはオイラーで, オイラーはほぼ同時期に言葉を変えて三種類の関数を語りました. 最初の関数は 1748 年の著作『無限解析序説』(全 2 巻) の第 1 巻の冒頭の第 1 章に現れました. 第 1 章の章題は「関数に関する一般的な事柄」(原語は De Functionibus in genere.「関数」の原語 Functionibus は語頭の文字「F」が大文字で表記されています) というのですが, オイラーはここで「定量」と「変化量」の定義を書き, それから次に挙げるような関数の定義を書きました.

　　　ある変化量の関数というのは，その変化量といくつかの数，
　　すなわち定量を用いて何らかの仕方で組み立てられた解析的表
　　示式のことをいう．

　「解析的表示式」の原語は expressio analytica．解析的表示式と
はどのようなものなのかを語るオイラーの言葉はありませんが，例
として，

$$a+3z,\ az-4zz,\ az+b,\ \sqrt{aa-zz},\ c^z$$

などが挙げられています．ここで，a, b, c は定量，z は変化量です
から，これらはみな z の関数です．最初の四つは代数的な表示式で，
加法，減法，乗法，それに「平方根を作る」という演算で組み立て
られています．五番目の冪 c^z では定量 c の冪指数の位置に変化量
z が配置されていて，代数的な量ではありませんが，一定の演算の
事例と考えられています．このような具体例を見ると，オイラーの
念頭に描かれていた解析的表示式の世界には超越的な表示式も存在
していたことがわかります．

　　量 w の z への依存性がある数学的法則により与えられるという
リーマンの言葉を見て，即座に念頭に浮かぶのはオイラーのいう解
析的表示式です．

ヨハン・ベルヌーイの関数

　　オイラーの師匠のヨハン・ベルヌーイにも「関数」の定義が見ら
れます．等周問題に関する 1718 年のヨハンの論文に，「ある変化量
の関数」と呼ばれるのは，その変化量といくつかの定量を用いて何
らかの仕方で組み立てられた量のことである」（ヨハンの全集，第
2 巻, 241 頁）と書かれているのですが，この文言に「解析的表示式」
の一語を添えれば，オイラーによる関数の定義とまったく同じにな
ります．

　　ヨハンは新たな概念の提示というよりも，変化量と定量を用いて

組み立てられる量に対して関数という呼び名を提案し，言い回しの簡略化を試みたのですが，オイラーはそうではなく，曲線を理解するための新たな視点を打ち出そうとするところに斬新な数学的意図が現れています．『無限解析序説』の第2巻のテーマは曲線の理論です．第1章「曲線に関する一般的な事柄（De lineis curvis in genere）」に「曲線の解析的な源泉」という，読む者の心に強い印象を刻む言葉が記されていて，曲線を関数のグラフとして理解しようとする明快な意志が伝わってきます．

オイラーの連続関数とは

オイラーは師匠のヨハン先生の語法を借用して解析的表示式という最初の関数概念を記述しましたが，この関数には一定の量演算が指定されているのですから，リーマンのいう「依存性を与える数学的法則」がはっきりと現れています．リーマンが思い描いていたのはオイラーのいう解析的表示式だったのであろうと見てさしつかえないと思われますが，リーマン自身は「オイラーの用語での連続関数」ということを言っています．リーマン自身も連続関数を語っていたことが想起されますし，このような指摘を目にすると，オイラーはリーマンに先立ってすでに独自の仕方で関数の連続性を認識していたかのような印象があります．

オイラーには関数の連続性の認識があり，しかも微分可能性さえあたりまえのように考えていたと指摘されることもありますが，実際にはどうなのか，検証が必要なところです．『無限解析序説』を参照すると，オイラーは曲線を大きく連続曲線と混合曲線に二分しています．連続曲線というのは1個の関数のグラフのことで，1個より多くの連続曲線がつながっている曲線が混合曲線です．連続曲線の中に代数曲線と超越曲線があり，代数曲線の解析的源泉は代数関数，超越曲線の解析的源泉が超越関数です．この流儀に従うなら，連続曲線の解析的源泉を連続関数と呼ぶという語法が成立しそうに思われるところですが，オイラーには連続関数という言葉が見あた

りません. それならリーマンは何を根拠にして「オイラーの連続関数」ということを語ったのでしょうか.

このあたりに解明しなければならない課題がありますが, オイラーは一般に関数のグラフを指して連続曲線と呼んでいるのですから, オイラーの流儀に沿うなら,「オイラーは連続関数だけを考えていた」という想定が可能のように思われます. 事のついでに微分可能性についてはどうかといえば, オイラーはなにしろ無限解析という名の微積分の構築をめざしていたのですから, 微分の可能性などはいうまでもないことでした. オイラーは連続関数だけを考えていて, しかも連続関数の微分可能性を確信していたと言われることもあります. それはコーシー以後, ディリクレの関数概念が受容されるようになり, 連続性や微分可能性の概念規定が要請されるようになった時点で振り返るとそのように見えるということであり, オイラーのあずかり知らない評言と思います.

実関数から複素関数へ

「オイラーの連続関数」はディリクレに由来する関数概念に比べて課されている限定が強すぎるように思われますが, そうではないとリーマンは明言しました. 次に引くのはリーマンの言葉です.

だが, 最近の研究により, ある与えられた区間における任意の連続関数を表すことのできる解析的表示式が存在することが示された. それゆえ, 量 w の量 z への依存性を任意に与えられたものとして規定するか, あるいは定まった量演算によって引き起こされたものとして規定するかということは, どちらでもかまわないのである. これらの二つの概念は, われわれがたったいま述べたばかりの定理の結果, 同等である.

「任意の連続関数」というのはディリクレの意味の関数を指してい

ますが，最近の研究により，それを表す力を備えた解析的表示式が存在することがわかったと，リーマンは言っています．最近の研究とはなんだろうという疑問に襲われる場面です．この学位論文が執筆された 1851 年という年と，この時期の実関数論の状況を考え合わせると，リーマンの念頭にあった解析的表示式というのはフーリエ級数のことではないかと想定されます．実際には絵に描いたようにはいきませんが，リーマンはディリクレを継承してフーリエ解析の基礎理論の建設に大きく寄与した人物ですし，フーリエ級数の力に期待するところがあったのでしょう．

　リーマンは複素関数論の展開にあたって実関数の概念の形成史から説き起こしましたが，真意は複素関数にあり，まずはじめに実関数を語ったのは複素関数との根本的な相違を際立たせるためでした．実際，リーマンは次のように言葉を続けています．

　　だが，量 z の変化しうる範囲が実数値に限定されず，$x+yi$（ここで，$i = \sqrt{-1}$）という形の複素数値をも許容するなら，状勢は一変する．

複素数値をとりながら変化する量，すなわち複素変化量がこうして登場し，実変化量の場合には見られない現象が生起すると言われています．複素変化量 z のとりうる各々の値に対し，もうひとつの複素変化量 w の値が対応するという状況が見られるなら，ディリクレのいう意味合いにおいて w は z の関数です．w が z といくつかの複素定量を用いて組み立てられる解析的表示式であるという場合もありえますが，その場合には w はオイラーのいう意味合いにおいて z の関数です．この 2 通りの関数は複素変化量の関数の場合には同じではないと，リーマンは言いたいのです．

　ディリクレの流儀で複素関数を考えるのであれば，複素変化量 z に対してもうひとつの複素変化量 w の値が対応する仕方が指定されるだけでよいことになりますが，複素関数論の眼目はそのような

対応を対象にして微積分を展開するところにあります．そこで微分可能性をどのように諒解したらよいのかという論点が基本的な課題になります．リーマンはこれに応じようとして，z の微分 dz と w の微分 dw の比の観察に向いました．

$x+yi$ と $x+yi+dx+dyi$ は量 z の二つの値で，相互に無限小だけの食い違いしかないとしよう．それらに対して，量 w の値 $u+vi$ と $u+vi+du+dvi$ が対応するとしよう．量 w の z への依存性が任意であれば，一般的に言って比 $\dfrac{du+dvi}{dx+dyi}$ は dx と dy の値とともに変化する．なぜなら，$dx+dyi = \varepsilon e^{\varphi i}$ とおくと，

$$
\begin{aligned}
\frac{du+dvi}{dx+dyi} =\ & \frac{1}{2}\left(\frac{\partial u}{\partial x}+\frac{\partial v}{\partial y}\right)+\frac{1}{2}\left(\frac{\partial v}{\partial x}-\frac{\partial u}{\partial y}\right)i \\
& +\frac{1}{2}\left[\frac{\partial u}{\partial x}-\frac{\partial v}{\partial y}+\left(\frac{\partial v}{\partial x}+\frac{\partial u}{\partial y}\right)i\right]\frac{dx-dyi}{dx+dyi} \\
=\ & \frac{1}{2}\left(\frac{\partial u}{\partial x}+\frac{\partial v}{\partial y}\right)+\frac{1}{2}\left(\frac{\partial v}{\partial x}-\frac{\partial u}{\partial y}\right)i \\
& +\frac{1}{2}\left[\frac{\partial u}{\partial x}-\frac{\partial v}{\partial y}+\left(\frac{\partial v}{\partial x}+\frac{\partial u}{\partial y}\right)i\right]e^{-2\varphi i}
\end{aligned}
$$

となるからである．

オイラーにならって

関数の微分可能性というと，今日の流儀では，z の関数 w を $w = w(z)$ と表記して，極限値

$$
\lim_{h\to 0}\frac{w(z+h)-w(z)}{h}
$$

が存在するか否かを考えていくことになりますが，これは実関数の場合にコーシーが提案した流儀です．これに対しリーマンは二つの微分 dz と dw の比を作っています．ここにはオイラーの流儀が生

きています．オイラーは関数の微分可能性を問題にしたわけではなく，実変化量 x の関数 y に対し，それぞれの微分の比 $\dfrac{dy}{dx}$ を作りました．微分 dx, dy というのはつねに無限小の値をとる変化量，言い換えると，無限小変化量で，無限小の値というのは 0 にほかなりませんから，オイラーが遂行しようとしているのは「0 を 0 で割る」という神秘的な印象の伴う作業です．

オイラーには 0 を 0 で割ることに対して困惑は見られません．無限小と無限小の比，言い換えると，0 と 0 の比は有限の値をとることがあり，われわれはその値に関心を寄せているのだというのがオイラーの言い分でした．変化量も関数も微積分の対象と見ているのですから，どのような変化量 x に対しても，その微分と呼ばれる無限小変化量 dx が存在することを疑問に思うようなことはありませんでした．リーマンはオイラーにならい，複素変化量 z とその関数 w の微分 dz, dw の比の計算に向いました．

計算の結果はリーマンが書き留めているとおりですが，途中経過をもう少し補ってみます．z の複素共役を $\bar{z}$ と表記すると，

$$dz = dx + i dy, \quad d\bar{z} = dx - i dy.$$

これより，dx, dy は $dz, d\bar{z}$ を用いて

$$dx = \frac{1}{2}(dz + d\bar{z}), \quad dy = -\frac{i}{2}(dz - d\bar{z})$$

と表示されます．微分の計算を進めると，

$$
\begin{aligned}
dw &= du + i dv \\
&= \frac{\partial u}{\partial x} dx + \frac{\partial u}{\partial y} dy + i\left(\frac{\partial v}{\partial x} dx + \frac{\partial v}{\partial y} dy\right) \\
&= \frac{1}{2}\left(\frac{\partial u}{\partial x} + i\frac{\partial v}{\partial x}\right)(dz + d\bar{z}) - \frac{i}{2}\left(\frac{\partial u}{\partial y} + i\frac{\partial v}{\partial y}\right)(dz - d\bar{z}) \\
&= \frac{1}{2}\left[\left(\frac{\partial u}{\partial x} + \frac{\partial v}{\partial y}\right) + \frac{1}{2}\left(\frac{\partial v}{\partial x} - \frac{\partial u}{\partial y}\right)i\right]dz \\
&\qquad + \frac{1}{2}\left[\frac{\partial u}{\partial x} - \frac{\partial v}{\partial y} + \left(\frac{\partial v}{\partial x} + \frac{\partial u}{\partial y}\right)i\right]d\bar{z}
\end{aligned}
$$

となります. 両辺を微分 dz で割ると,

$$\frac{dw}{dz} = \frac{1}{2}\left(\frac{\partial u}{\partial x} + \frac{\partial v}{\partial y}\right) + \frac{1}{2}\left(\frac{\partial v}{\partial x} - \frac{\partial u}{\partial y}\right)i$$

$$+ \frac{1}{2}\left[\frac{\partial u}{\partial x} - \frac{\partial v}{\partial y} + \left(\frac{\partial v}{\partial x} + \frac{\partial u}{\partial y}\right)i\right]\frac{d\overline{z}}{dz}$$

となります. ここでさらに $dx+dyi = \varepsilon e^{\varphi i}$ とおけば, リーマンが書いたとおりの式に到達します.

この式を観察すると, 末尾に現れる dz と $d\overline{z}$ の商 $\frac{d\overline{z}}{dz}$ に起因して, 微分商 $\frac{dw}{dz}$ の値は dx, dy に依存することがわかります. 微分 dz に依存すると言い換えても同じことになります. $dz = \varepsilon e^{\varphi i}$ と表示すると, dz に依存するというのは dz の大きさ (絶対値) ε と偏角 φ に依存するということで, これが一般的な状況です.

ところが単純な形の解析的表示式の場合には「微分商 $\frac{dw}{dz}$ が dz に依存せずに確定する」という特殊な状況が見られます. もっとも何をもって解析的表示式というのか, 範疇が明示されているわけではありませんから, これだけではあいまいといえばあいまいな話ですが, リーマンは「かんたんな量演算を組合わせて (durch der einfachen Grössenoperationen)」定められる関数と言い表しています. 次に引くのはリーマンの言葉です.

だが, w が z の関数としてかんたんな量演算を組み合わせてどのような仕方で定められようとも, 微分商 $\frac{dw}{dz}$ の値はいつでも微分 dz の個々の値に依存しない.

リーマンはここに脚注を附して,

この主張は明らかに, w の z による表示式から微分の諸規則の

> 支援を受けて $\dfrac{dw}{dz}$ の z による表示式が見出だされるというあらゆる場合において，正しいことが認められる．その厳密かつ一般的な妥当性についてはさしあたり放置しておく．

と言い添えています．

　ディリクレの意味において複素変化量 z の関数 w を考えると，微分商 $\dfrac{dw}{dz}$ の値は確定しないことがあるというのであれば，実関数の場合のようにディリクレの意味で考えられた関数は複素関数の微積分の対象ではありえないことになります．何らかの限定を課さなければならないところですが，リーマンはそれを「かんたんな量演算」を組合わせて生成される関数の性質の中に求めようとしています．

かんたんな量演算により作り出される関数

　一例として，複素変化量 z の関数 $w=z^2$ を考えてみます．微分計算の規則を適用すると，等式

$$dw = 2zdz$$

が得られます．dz で割ると，微分商の値

$$\frac{dw}{dz} = 2z$$

が手に入ります．この値は dz に依存せずに確定します．

　一見していかにも単純そうに見えても，微分商の値が dz に依存することもあります．たとえば，z 複素共役

$$w = \overline{z}$$

はそのような関数です．実際，$z=x+iy,\ w=u+iv$ とおくと，

$$u=x,\ v=-y$$

と表示されますから,

$$\frac{\partial u}{\partial x} = 1,\ \frac{\partial u}{\partial y} = 0,\ \frac{\partial v}{\partial x} = 0,\ \frac{\partial v}{\partial y} = -1$$

という値が算出されます.それゆえ,微分商の値は

$$\frac{dw}{dz} = e^{-2\varphi i}$$

となりますが,この値は dz に依存しています.それゆえ,「複素共役を作る」という演算はリーマンのいうかんたんな量演算の仲間には入らないことになります.

「関数」を求めて

「かんたんな量演算」の範疇は明確とはいえませんが,代数的演算,すなわち加減乗除の 4 演算と「冪根を作る」という演算を合わせた五つの演算などは,かんたんな量演算の典型的な例になっています.超越的演算なら,正弦,余弦,正接など,円関数と総称される超越関数を作る演算や,指数量や対数量を作る演算が思い起こされます.これらの演算はみなオイラーの著作『無限解析序説』に記述されているものばかりですし,リーマンの念頭に具体的に描かれていたにちがいありません.

以上のとおりの観察を踏まえて,リーマンは,

　　それゆえ,明らかに,このような道を通るのでは複素量 w の複素量 z への任意の依存性を表すことはできないのである.

という帰結を導きました.かんたんな量演算によって組立てられる依存性と完全に一般的な依存性は大きく乖離していて,まさしくそこのところに実関数には見られない複素関数に特有の状況が露呈していると,リーマンは言いたいのです.

そこでリーマンはどうするのかというと,量演算により組立てら

れる関数，すなわち解析的表示式に特有の性質を関数概念に課すという方針を鮮明に打ち出しました．

　量演算により何らかの仕方で定められるあらゆる関数のたったいま強調された特徴を，われわれはここから先の研究の基礎にする．
　引き続く研究では，このような関数をその表現とは独立に考察しなければならない．そこで今，量演算によって表される依存性という概念に対する一般妥当性と十分性を明らかにすることなく，われわれは次の定義から出発する．
　複素変化量 w がもうひとつの複素変化量 z とともに，微分商 $\dfrac{dw}{dz}$ の値が微分 dz の値に依存しないような仕方で変化するなら，w は z の関数と呼ばれる．

　量演算により組立てられた関数から出発し，それらに共通の特徴を見出だして，そのうえで量演算から離れ，逆に，見出だされた特徴をもって関数概念を限定しようという行き方が採用されています．「発見を定義にする」という，数学ではしばしば見られる手法です．
　17 世紀の終わりころ，ライプニッツは曲線に接線が引かれた状況を観察し，そこから微分計算の根底を作る二つの規則を取り出しました．ひとつは「変化量の和の微分は微分の和」という規則で，等式 $d(x+y)=dx+dy$ で表されます．もうひとつは積の微分の規則で，等式 $d(xy)=ydx+xdy$ で表されます．二つとも「発見された等式」ですが，視点を転換すると，これらがそのまま微分計算の規則として採用されることになりました．「発見を定義にする」ということのめざましい事例です．関数の姿を求めるリーマンの足取りはライプニッツの場合ととてもよく似ています．

関数と写像

　リーマンの学位論文は全部で 22 個の節に分れています．ここまでのところで第 1 節の検討が終わり，リーマンが複素関数論において考察しようとしている「関数」の姿が明るみに出されました．今日の語法では「正則関数」という呼称が定着していますが，これはフランス系の用語です．フランスにはコーシーに淵源する複素関数論の伝統がありました．リーマンには独自の呼称はなく，このような関数を単に「関数」と呼ぶことにすると宣言しただけに留まっています．リーマンにしてもコーシーの一連の探求の足跡を知らないはずはありませんが，まったく言及しようとしないのはいくぶん不思議な印象の伴う事態ですし，リーマンとコーシーでは何かしら根本的なところに大きな食い違いがありそうです．

　以下，正則関数という今日の言葉は避けて，リーマンにならって単に「関数」と呼ぶことにします．学位論文の第 2 節では幾何学的直観に訴えて関数を理解しようとする姿勢が表明されました．

　　量 z と同様に量 w もまた複素数値を取りうる変化量と考えられる．このような可変性は 2 次元連結領域に広がっていて，これを理解するのは空間的直観と連繋することにより本質的に容易になる．

ドイツ語の形容詞 räumliche を字義とおり「空間的」と訳出しましたが，「可変性は 2 次元連結領域に広がっている」というのですから，複素数値を無限平面上の点に対応させて考えている様子がうかがわれます．このあたりの消息は次に引く文言によりはっきりと諒解されます．

　　量 z の各々の値 $x+yi$ は，直交座標 x, y を備えた平面 A の点 O により表示され，量 w の各々の値 $u+vi$ は直交座標 u, v を備

えた平面 B の点 Q により表示されるという状況を想定しよう．そのとき，量 w が z に依存する様式は，点 Q の位置が点 O の位置に依存する様式として表される．z の各々の値に対し，z とともに連続的に変化する w の値が対応するとき，言い換えると，u と v が x, y の連続関数であるとき，平面 A の各々の点に対して平面 B の点が対応し，一般的に言うと，線分には線分が，各々の連結面分には連結面分が対応する．したがって，量 w が z に依存する様式は，平面 A から平面 B への写像として思い描くことができる．

リーマンは今日の語法でいうガウス平面もしくは複素平面を考えようとしています．複素数 $x+yi$ と直交座標軸が引かれている無限平面上の点 (x, y) を対応させようというアイデアで，今日ではなんでもないことのように受け入れられていますが，複素数の集まりから無限平面上の点の集まりに移行するというのは実際には容易になしがたい営為です．複素数というものに寄せて強固な実在感に裏打ちされてはじめて可能になることで，ガウスの 1832 年の論文「4 次剰余の理論 第 2 論文」においてはじめて詳細に語られました．

ひとたびガウス平面に場を移す決意を固めたなら，さらに歩を進めてリーマン面に移行する道も開かれてきます．このあたりにはリーマンに及ぼされたガウスの影響が色濃く反映しています．

第3章　ガウス平面からリーマン面へ

複素数とガウス平面

　ガウスは数論の場において，複素数を理解するのに幾何学的直観に訴えるというアイデアを詳細に語りました．無限に広がる平面上の点と複素数を対応させることにより，本来何ものでもない平面がにわかに色彩を帯びて，複素数が一面に敷き詰められているかのように見えてくるのはいかにも不思議な光景です．平面上の点それ自体はどこまでも点であり，複素数とは無関係ですが，複素数を対象にして行われる加減乗除などの演算が，対応する平面上の点の動きとして目に映じるようになると，確かに何事かが平明に諒解されたような雰囲気が醸されます．

　ガウスは 1832 年の論文「4 次剰余の理論第 2 論文」においてガウス平面を語り，

　　このようにして，虚という名で呼ばれる量の形而上的性格に向けて，際立って明るい光があてられるようになる．

と言っています．また，

　　虚量の理論を取り囲んでいると信じられているさまざまな困難の大部分は，あまり適切とは言えない呼び名に由来する（しかも，ありえない量などという，不快な響きをもつ名前を用いた人も

いた）.

という, 思わずはっとさせられてしまう言葉さえ, 書き留められています.「ありえない量」の原語は quantitas impossibilis です.

　複素数の表現の場とみなされた無限平面は, 今日の語法ではガウス平面, 複素平面などと呼ばれています. ただし, ガウスは「4 次剰余の理論第 2 論文」では特別の呼称は何も提案していません. 肝心なのは複素数と点を対応させるというアイデアであり, ガウス平面それ自体はただの平面にすぎないのですから, 呼び名を考案することに意味があるとは思えなかったのでしょう.

関数を写像と見る

　リーマンはガウスのアイデアを受け入れて, 複素変化量 w が複素変化量 z の（リーマンが規定した意味での）関数であるとき, 複素 z 平面から複素 w 平面への写像が確定するという解釈を採りました. 数から平面へと心身を移すのですから, 問題になるのは, その写像の幾何学的特性です. w が z の関数であるという属性がどのような姿で現れるのかという様子を観察したいのですが, リーマンは等角性を指摘してこの問いに応えました. 次に引くのはリーマンの学位論文の第 3 節の冒頭の言葉です.

　　w は複素量 z の関数, 言い換えると, $\dfrac{dw}{dz}$ は dz に依存しないとするとき, この写像はどのような性質を備えているかということを探究しなければならない.

　関数を写像と見るときの属性の探究が課されています. 以下, しばらくリーマンの言葉に沿って, 写像の等角性を説明したいと思います. 複素 z 平面を A, 複素 w 平面を B します. A の点 O を定め, O の近傍の点を一般に o（小文字の o）で表すことにします. z

の関数 w が定める写像により点 O が移されていく先の平面 B 上の点を Q，点 o の行き先を q で表します．そうして変化量 z の点 O における値を $x+yi$，点 o における値を $x+yi+dx+dyi$ で表すというのですが，変化量 z のとる複素数値の各々と平面 A の点との対応がこのような言い回しで語られていることがわかります．点 O の近傍の点 o として考えられているのは O に限りなく近い点であり，そのあたりの消息が $dx+dyi$ という記号に象徴されています．dx, dy は点 O を始点とする点 o の直交座標とみなされるとリーマンは書いていますが，数と点との対応が考えられていることにたえず留意すれば，誤解が入り込む余地はありません．

変化量 w の点 Q および点 q における値をそれぞれ $u+vi$，$u+vi+du+dvi$ で表すと，du, dv は平面 B において Q を始点とする q の直交座標とみなされます（図1）．

点 O に限りなく近い点を二つとり，それらを o', o'' とし，O を始点とするときの対応する z の値をそれぞれ $dx'+dy'i$，$dx''+dy''i$ で表します．o', o'' に対応する平面 B 上の点をそれぞれ q', q'' とし，q', q'' における変化量 w の値をそれぞれ $du'+dv'i$，$du''+dv''i$ で表します．これで，平面 A 上に三角形 $o'Oo''$，平面 B 上に三角形 $q'Qq''$ が描かれました（図2）．

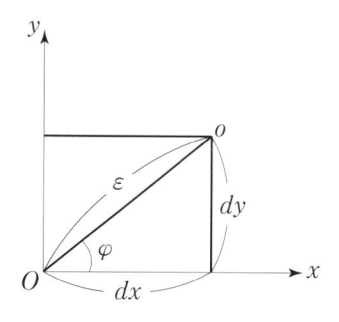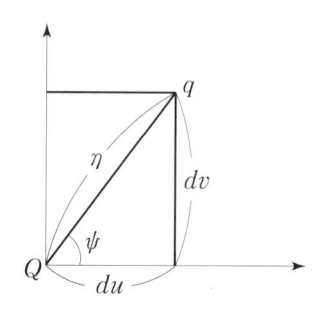

図1

　これで諸記号の準備が整いました. w が z の関数であるとはどのようなことだったのかというと, 商 $\dfrac{dw}{dz}$ が dz に依存しないで確定するということでした. それゆえ, この概念規定そのものに由来して, 等式

$$\frac{du'+dv'i}{dx'+dy'i}=\frac{du''+dv''i}{dx''+dy''i}$$

が成立します. これより,

$$\frac{du'+dv'i}{du''+dv''i}=\frac{dx'+dy'i}{dx''+dy''i}.$$

写像の等角性はこの等式に根ざしていますが, その様子を具体的に見るために極座標を設定し,

$$dx'+dy'i=\varepsilon' e^{\varphi' i},\ dx''+dy''i=\varepsilon'' e^{\varphi'' i}$$

$$du'+dv'i=\eta' e^{\psi' i},\ du''+dv''i=\eta'' e^{\psi'' i}$$

と置くと,

$$\frac{du'+dv'i}{du''+dv''i}=\frac{\eta'}{\eta''}e^{(\psi'-\psi'')i},$$

$$\frac{dx'+dy'i}{dx''+dv''i}=\frac{\varepsilon'}{\varepsilon''}e^{(\varphi'-\varphi'')i}$$

と表示されます. そこでこの二つの分数式を等値すると, 等式

$$\frac{\eta'}{\eta''}e^{(\psi'-\psi'')i}=\frac{\varepsilon'}{\varepsilon''}e^{(\varphi'-\varphi'')i}$$

が得られ, ここから二つの等式

$$\frac{\eta'}{\eta''}=\frac{\varepsilon'}{\varepsilon''},\ \ \psi'-\psi''=\varphi'-\varphi''$$

が取り出されます. 後者の等式は, z の関数 w が定める平面 A から平面 B への写像の等角性を示しています (図 2).

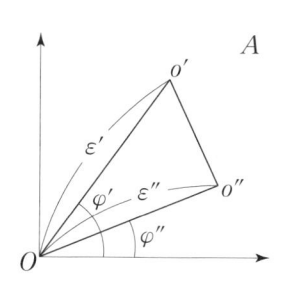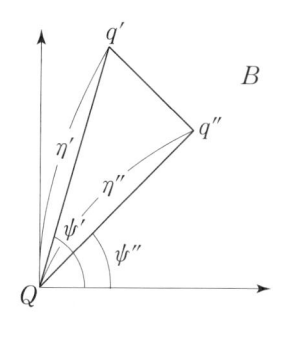

図2

ガウスの曲面論の影響を受ける

　リーマンの言葉を顧みると，平面 A 上には無限小三角形 $o'Oo''$，もうひとつの平面 B 上には無限小三角形 $q'Qq''$ が描かれていて，点 O を頂点とする角と点 Q を頂点とする角は一致することが語られています．いわば「点における等角性」が観察されたのですが，リーマンの全集の編纂者（ハインリッヒ・ウェーバーとデデキント）はこの箇所に脚註を附してガウスの論文を挙げています．それは，

　　「ある与えられた面の一部分をもうひとつの与えられた面に写して，その像がもとの面分と極小部分において相似になるようにするという課題の一般的解決」

という論文で，ガウスの友人の天文学者シューマッハーが編纂した『天文学論文集（Astronomischen Abhandlungen）』，第 3 号（1825 年），1–30 頁に掲載されています．

　シューマッハーは天文学のための学術誌 Astronomische Nachrichten（高木貞治先生の著作『近世数学史談』では『天文報知』という訳語があてられています）を創刊した人ですが，Astronomischen Abhandlungen はそれとは違い，論文集です．1823 年から 1825 年まで，3 年間に 3 巻まで刊行されました．

「相似（ähnlich）」という言葉の意味合いを「写像により角度が保たれること」と諒解すると、「極小部分において」という限定句がにわかに神秘的な意味合いを帯びてきます．曲面というのですから一般に「平ではない面」が考えられていることになりますが、かつてライプニッツが曲線を「無限小の線分が無限に連なって形成される折れ線」と見るという視点に立ったように、ガウスの目には、曲面はさながら「無限小の平面が無限に接合して形成される多面体」のように映じたのでしょう．

　ガウスの論文を脚注に書き添えたのはリーマンの全集の編纂者であり、リーマン自身がガウスに言及しているわけではありませんが、関数を写像と見るときの等角性を語るリーマンの口調はガウスとそっくりです．ガウスのいう「無限小部分において」の原語は in den kleinsten Theilen. これに対し、リーマンは、

　　二つの相互に対応する無限小三角形の間に、それゆえ一般に、平面 A の極小部分とその平面 B 上への像との間に相似性が見出だされる．

というふうに、「相似性が見出だされる」という表現で写像の等角性を語っています．「相似性」の原語は Aehnlichkeit という名詞ですが、これはガウスが使用した形容詞「相似（ähnlich）」と同じ言葉です．リーマンのいう「無限小三角形（unendlich kleinen Dreiecken）」もガウスの「無限小部分」に通じています．そのほかの論点を見ても、ガウスは自由に複素変数関数を駆使していることですし、リーマンがガウスの論文から何をどのように学んだのか、いくつもの諸事実を指摘できそうに思います．リーマンの学位論文を見たガウスは、自分はすでに何年も前からリーマンと同じことを研究していて、論文を準備しているというふうな感想を述べたそうですが、うなづけるところはたしかにあります．

関数概念と等角性

　リーマンがガウスの論文を見て影響を受けたのは確実であろうと思われますが，それはそれとしてリーマンの真意はあくまでも複素変数の関数の概念を確立しようとするところにありました．初等的な量演算を組み合わせて構成される解析的表示式を観察し，それらには「商 $\frac{dw}{dz}$ が微分 dz に依存しない」という性質が備わっていることに着目したのでした．そのような関数を平面から平面への写像と見ると，「点における等角性」が認められるという順序で学位論文の叙述が進みました．その場面においてガウスの影響ということが浮上してくるのですが，等角性の発見は偶然のことではなく，むしろ関数の概念規定にあたって当初からリーマンの念頭にあったのではないでしょうか．

　複素変数関数論の対象となるべき関数概念を把握したいという数学的意図とともに，関数を写像と見るという視点はすでにリーマンの手中にあり，写像の等角性が必然的に附随するように，関数概念を語る文言を工夫していたのであろうと思います．

コーシー ＝ リーマンの方程式

　学位論文の第 4 節に移ると「コーシー ＝ リーマンの方程式」が登場します．リーマンは微分商 $\frac{dw}{dz} = \frac{du+dvi}{dx+dyi}$ を

$$\frac{du+dvi}{dx+dyi} = \frac{(\frac{\partial u}{\partial x} + \frac{\partial v}{\partial x} i)dx + (\frac{\partial v}{\partial y} - \frac{\partial u}{\partial y} i)dyi}{dx+dyi}$$

という形に表示して，ここからコーシー ＝ リーマンの方程式を取り出しました．この微分商の値が dx と dy の値に依存せずに確定するというのが，w が z の関数であるということにほかならず，これを w の実部 u と虚部 v に関する言葉で言い表すと，二つの偏微

分方程式

$$\frac{\partial u}{\partial x} = \frac{\partial v}{\partial y}, \ \frac{\partial v}{\partial x} = -\frac{\partial u}{\partial y}$$

が成立するということになります．コーシー＝リーマンの方程式というのは単一の方程式ではなく，この二つの偏微分方程式に附与される呼称です．

　リーマンは上記の微分商の表示を書き下し，そこからただちにコーシー＝リーマンの方程式を書き下しています．それでさしつかえありませんが，リーマンの論文の第 1 節で書き下された表示式

$$\begin{aligned}
\frac{du+dvi}{dx+dyi} &= \frac{1}{2}\left(\frac{\partial u}{\partial x} + \frac{\partial v}{\partial y}\right) + \frac{1}{2}\left(\frac{\partial v}{\partial x} - \frac{\partial u}{\partial y}\right)i \\
&\quad + \frac{1}{2}\left[\frac{\partial u}{\partial x} - \frac{\partial v}{\partial y} + \left(\frac{\partial v}{\partial x} + \frac{\partial u}{\partial y}\right)i\right]\frac{dx-dyi}{dx+dyi} \\
&= \frac{1}{2}\left(\frac{\partial u}{\partial x} + \frac{\partial v}{\partial y}\right) + \frac{1}{2}\left(\frac{\partial v}{\partial x} - \frac{\partial u}{\partial y}\right)i \\
&\quad + \frac{1}{2}\left[\frac{\partial u}{\partial x} - \frac{\partial v}{\partial y} + \left(\frac{\partial v}{\partial x} + \frac{\partial u}{\partial y}\right)i\right]e^{-2\varphi i}
\end{aligned}$$

を見ると，一目瞭然です．なぜなら，この微分商が $dz = dx + dyi$ に依存せずに確定するということは $e^{-2\varphi i}$ の係数が消失することを意味するからです．コーシー＝リーマンの方程式が成立するという条件は，「$w = u + vi$ が $z = x + yi$ の関数であるための必要十分条件である」とリーマンは明記しています．

　今日の語法に沿ってコーシー＝リーマンの方程式という呼称を採用しましたが，リーマン自身が提案したわけではありません．リーマンに加えてコーシーの名が冠せられているのは，コーシーもまた複素変数関数論の建設者と見られているからです．ただし，リーマンはコーシーの名を語りません．

　コーシー＝リーマンの方程式から，二つの偏微分方程式

$$\frac{\partial^2 u}{\partial x^2} + \frac{\partial^2 u}{\partial y^2} = 0, \quad \frac{\partial^2 v}{\partial x^2} + \frac{\partial^2 v}{\partial y^2} = 0,$$

が導かれます．これによって，関数 u, v はいずれも調和関数である

ことが明らかになりました．調和関数というのは今日の語法による呼称です．リーマンは関数についての立ち入った研究に先立って，まずはじめに調和関数の性質の究明に向おうとしています．

リーマン面

調和関数の諸性質の究明を基礎とする複素関数論の建設のために，リーマンは複素関数論を考える場の整備をめざしました．複素変数の関数を考えようというのですから，複素数の世界に足場を定めるのは当然ですが，リーマンはガウスのアイデアを借りて複素数の世界からガウス平面へと移りました．ここからさらに歩を進めて**リーマン面**に移ろうというのがリーマンのアイデアです．第5節の冒頭で，リーマンは，「引き続く考察では，量 x, y の可変性を有限領域に限定する」と宣言し，それから言葉を継いで，

> 点 O の場所として，もう平面 A そのものではなく，その上に広がる面 T を考える．

と言い添えました．面 T のことを，今日の語法では**リーマン面**と言い慣わしています．「面」の原語は Fläche で，何の変哲もない日常的な言葉です．

量 x, y の可変性というときの「可変性」の原語は Veränderlichkeit です．ひとまず直訳して「可変性」という訳語をあてましたが，実量 x, y をそれぞれ実部と虚部とする複素変化量 $z = x + yi$ の取りうる値の範囲というほどのことで，それを z 自身がある数域を動き回るかのようなイメージと合致させて「可変性」という言葉を用いたのであろうと思います．そうして数域には平面の一部分が対応するのですから，変化量 z が動き回る範囲，言い換えると変域は平面 A の一部分です．その部分を領域（Gebiet）と

呼ぶことにして，しかもそれが「有限」といえば，無限遠点は考慮しないという方針が打ち出されたことになります．

　ひとつひとつ考えていかなければなりませんが，複素変化量 z が変化しうる領域が有限と限定された以上，目一杯に見積もっても平面 A 内におさまります．そのうえで，z の可変域をさらに拡大し，平面 A の上に広がる面 T を考えるというのです．リーマンの複素関数論の構想において，読む者の心にもっとも神秘的な印象を刻むのはここのところです．複素変化量の変域を考える際に複素数域に留まっていたのではリーマン面に飛翔するのは不可能で，第一段階としてガウス平面に移るという営為が不可欠であることに，くれぐれも留意しておきたいと思います．

　平面上に広がる面という一語により，リーマンの心情のカンバスにはどのような図形が描かれていたのでしょうか．面とは何かと単刀直入に問われても，これに答えるのは存外むずかしそうですが，リーマンを面の考察へと誘ったのはここでもまたガウスの曲面論だったのであろうと思われます．ガウスの作品「曲面に関する一般的研究（Disquisitiones generales circa supercies curvas）」（1828 年）が念頭に浮かびます．

　リーマン面 T は平面 A 上に幾重にも重なり合って広がっていますが，その姿は完全に任意というわけではなく，リーマンはいくつかの限定条件を課しています．まず，

(1) 面の一部分が相互に重なり合って A 上に広がっているとき，それらがある線に沿って合流するということは起こりません．

それゆえ，

(2) 面には折れ曲がりはありません．

あるいはまた，

(3) 面の一部分が相互に重なり合ういくつかの部分に分裂するとい

う事態も起こりません.

　第3の「分裂しない」という状況はどのような状況なのか，いく
ぶんわかりにくい感じがありますが，読み進めていくのにつれて次
第に様子が明らかになってくることを期待したいと思います.

平面上に浮かぶ雲の境界

　一般にリーマン面には境界があり，内部には分岐点が分布してい
ます．平面 A の一部分，たとえば円板のような図形を切り取って
みます．それを D として，D を横断する直線 l を引き，l に沿って
端点から端点まで，つねに真上を見ながら歩いていく状況を想定し
ます．D の上方には面 T の一部分がさながら片雲のように折り重
なって浮かんでいます.

　直線 l に沿って歩を進めながら，上空に浮かぶちぎれ雲の個数を
数えてみます．上を向いて歩いていくと，あるときそれまでは目に
入らなかった新たな雲の一片の境界にぶつかることがあり，そのま
ま進んでいくと，上空のちぎれ雲の個数はひとつ増えます．あるい

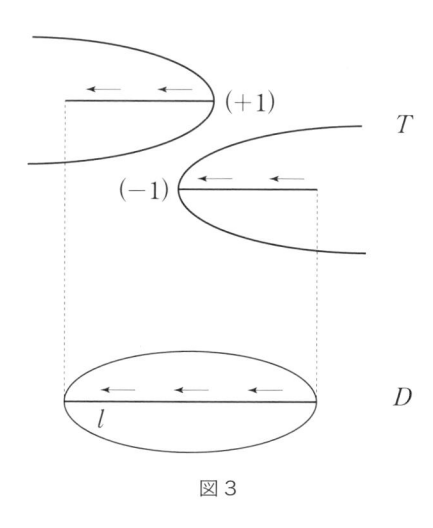

図3

はまた，上空に浮かぶ 1 個のちぎれ雲を眺めながら進んでいくと，その片雲の境界に遭遇し，その境界を通過すると，1 個の片雲の姿が視界から消失することもあります．その場合には上空のちぎれ雲の個数はひとつ減少します．

こんなふうに境界との遭遇に伴って，新たな片雲が現れたり消えたりする現象が観察されます．もっとも無数の片雲が浮かんでいることもありますし，その場合には個数を数えることは無意味になってしまいます．

代数関数の多価性を観察して

面のここかしこに分布している分岐点に出会う場合には，いくぶん込み入った状況に直面します．リーマンの言葉に沿って分岐点を語りたいと思います．領域 D 内に引かれた直線 l を軸にして，幅の狭い帯状の領域を作り，それを E で表します（E や D のような記号は便宜上のもので，リーマン自身が使っているわけではありません．直線を表す記号 l はリーマンにならっています）．

直線 l に一定の方向を与えると，帯状領域 E は「l の左側」と「l の右側」に分れます．E に身を置いて上方を見上げると，面 T の一部分がいくつもの片雲に分れて浮かんでいます．それらのひとつひとつの姿はさまざまで，境界をもっているものもあればもっていないものもありますが，ごく普通に目に映じるのは，境界の有無にかかわらず，単葉の片雲です．単葉といえば，面の一部分を雲でなく木の葉にたとえているような印象がありますが，面 T のある部分 F が領域 E の上方に浮かんでいるとき，E の各々の点の上にある F の点がひとつしか見つからないという状況を指して，そのように言っています（単葉という言葉も便宜上のもので，リーマンが使っているわけではありません）．また，F には境界があることもありますから，E のどの点の上にも必ず F の点が存在するわけでもありません．

F が単葉の場合,F は「l の左側」の上に広がる部分と「l の右側」の上に広がる部分に分けられて，それらは「l の真上」に広がる部分に沿ってつながっています．F が単葉ではない場合もあります．それは l 上のある点の上方に F の分岐点が存在する場合です．

　リーマンは代数関数の分岐点のイメージに沿ってリーマン面の分岐点を描写しようとしているようで，そのように想定してリーマンの記述を追うと，諒解するうえで敷居が低くなりそうに思います．代数関数は必ず多価性を示し，しかも多価性が現れる様子はいろいろな例を通して観察することができます．ライプニッツは曲線に接線が引かれている様子を観察し，そこから微分計算の規則を取り出しましたが，今度はリーマンは代数関数が多価になる様子を観察しています．そのありさまをありのままに，ただし「関数」の一語を抜いて描写を重ねていけばおのずと分岐点の姿が浮かび上がります．

分岐点

　F は分岐点 σ をもっているとします．代数関数の多価性をモデルにするという立場から見ると，分岐点は孤立することになりますから，σ の近傍には他の分岐点は存在しないとしておいてさしつかえありません．その分岐点は帯状領域 E 内の点 $\underline{\sigma}$ の上に浮かんでいるとします．σ には σ の底点という呼称がよく似合います．この点は直線 l 上にあるとします．また，E を十分に小さく取ることにして，E の内点の上には F の境界点は存在しないものとしておきます．代数関数の多価性に鑑みて，これもまた許される状況です．

　E の各々の点の上には F の点がいくつか配置されていますが，その個数は唯一の例外を除いてつねに同一です．その唯一の例外というのが分岐点 σ の底点 $\underline{\sigma}$ で，その上には σ のほかには F の点は存在しません．そこで領域 E を直線 l により二分するとき，左側の部分の上に広がる F の部分と，右側の部分の上に広がる F の部

分は個数が同一です．その個数を n として，左側の部分の上に広がる F の n 個の部分を

$$a_1, a_2, \cdots, a_n$$

とし，右側の部分の上に広がる F の n 個の部分を

$$a_1', a_2', \cdots, a_n'$$

とします．

　このような状況のもとで，直線 l に沿って端点から出発してもうひとつの端点に向って歩いていくと，途中で分岐点の底点 σ に出会います．この足取りを川の流れにたとえて，出発点を上流として下流に向うとき，σ に遭遇するまでは a_1 と a_1'，a_2 と $a_2', \cdots, a_n$ と a_n' が「l の真上」に広がる部分に沿ってぴったりとつながっています．ところが，点 σ に到達すると，$a_1, a_2, \cdots, a_n$，$a_1', a_2', \cdots, a_n'$ は分岐点 σ において合流し，それからさらに下流に下っていくと，流れの左右両岸上に広がる n 個ずつの領域 $a_1, a_2, \cdots, a_n$ および $a_1', a_2', \cdots, a_n'$ は再び分離していきます．l の真上に広がる部分に沿って $a_1, a_2, \cdots, a_n$ と $a_1', a_2', \cdots, a_n'$ のそれぞれひとつずつがつながっているのはまちがいありませんが，つながり方にずれが生じます．

　直線 l の上流，言い換えると，出発点から分岐点の底点 σ にいたるまでの道のりの途中で l から離れて左側に移動してみます．そのうえで頭上を見上げると，n 個の面分（面の一部分）$a_1, a_2, \cdots, a_n$ が広がっていますが，そのうちのひとつ a_1 に着目してみます．l の上方には a_1 と a_1' の境界線がのびていますので，それを l_1 とします．現在の位置は l の左側．上方に広がる a_1 に移動して，境界線 l_1 に向い，l_1 を横断すると面分 a_1' に入ります．そのまま a_1' 上を歩み続けて分岐点 σ を左手に見ながら a_1' 上で l_1 の下流に向い，l_1 を横断すると，入っていく先の面分はもはや出発点の a_1 ではありません．それを a_{α_1} で表します．分岐点の存在に起因してこのような現象が起ります．

引き続き a_{α_1} 上を移動して l_{α_1}（a'_{α_1} と a_{α_1} の境界線上にのびています）の上流に向い，l_{α_1} をこえると a'_{α_1} に入ります．そのまま分岐点 σ を左手に見ながら a'_{α_1} 内を移動して l_{α_1} の下流に向い，l_{α_1} を横断すると，入っていく先に広がっているのは a_{α_1} ではありません．そこでそれを a_{α_2} とします．

　こんなふうに続けていくと，面分の系列

$$a_1, \ a_{\alpha_1}, \ a_{\alpha_2}, \ \cdots, \ a_{\alpha_{n-1}}$$

が形成されます．平面 A 上の帯状領域 E に身を置いて上方を眺めている限りでは分岐点の底点 $\underline{\sigma}$ を左回りにくるくる回っているだけですが，上方に広がる F では a_1 から a_{α_1} へ，a_{α_1} から a_{α_2} と移り行き，$n-1$ 回までまわったところで $a_{\alpha_{n-1}}$ に達します．それからさらにもう一度回ると，$a_{\alpha_{n-1}}$ から一番はじめの a_1 にもどります．この状況を指して，分岐点 σ の位数を，リーマンとともに $n-1$ と定めます．

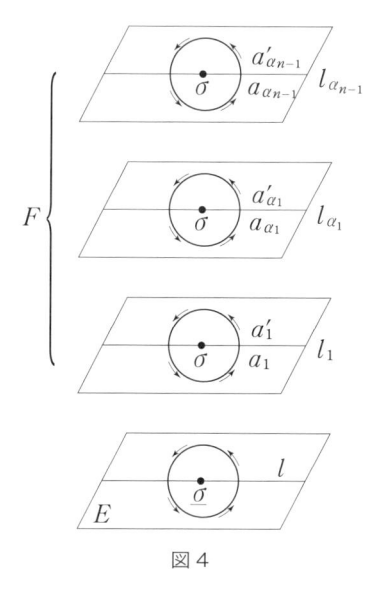

図4

第4章　リーマン面の連結度

リーマン面の決定要素

　リーマン面の分岐点を語ったリーマンは，言葉を継いでリーマン面の「決定要素」（Bestimmungsstück）に及びました．Bestimmung は「決定」，stück は「部分」「（1個，2個…というときの）個」を意味する言葉ですが，リーマンはその決定要素を3個まで挙げました．境界の位置と向き，それに分岐点の位置．これによってリーマン面は完全に決定されるか，あるいはまた有限個の異なる形態に限定されるかのいずれかであるというのがリーマンの指摘です．「形態」の原語は Gestalt で，「姿形」というほどの意味の言葉です．

　リーマン面に寄せるリーマンの関心事はこの三つのみということになりますが，これだけで完全に決定されることがあるというのであれば，分岐点の位置のみではなく位数もまた同時に注目されていることが含意されているように思います．必ずしも完全に決定されないこともあるようで，その場合には有限個の異なる形態に限られるということです．この状況は少々わかりにくいのですが，リーマンはそのようなことが起りうる原因も書き添えています．リーマン面のいくつかの部分が相互に重なり合っていて，三つの決定要素がそれらに関わることがありうるからというのです．リーマンはどのような幾何学的状況を想定しているのでしょうか．

　リーマン面を複素平面上に浮かぶ雲のようなものと思うことにし

て，上空を見上げながら複素平面上を歩いていくと，リーマン面の境界や分岐点が目に入りますから，三つの決定要素が意味をもってきます．複素平面に立って見上げると雲の境界が目に入りますが，真上には雲の断片がいくつも浮かんでいるのですから，どの雲の境界なのか，いろいろな場合がありえます．分岐点についても同様で，見上げる目に分岐点が映じても，それはどの雲の分岐点なのだろうと考えると，状況はさまざまです．三つの決定要素だけでは決まらないことで，リーマンはそのような光景を想定していたのかもしれません．

「形態」の個数は無限に多い場合も考えられそうなところですが，あえて有限個と明記したのはなぜなのでしょうか．リーマンの心情にもうひとつ理解が行き届きませんが，リーマンはリーマン面の境界の位置と向き，それに分岐点の位置を重く見ていることに留意しておきたいと思います．

リーマン面上の連続関数

複素変化量の変域は，複素数の作る数域からリーマン面という曲面に移されました．この移行措置に伴って，関数もまたリーマン面上で考えていくことになりますが，複素数域から離れた状況において，リーマンのいう関数はどのような言葉で言い表されるのでしょうか．リーマン面に移るという決意それ自体に起因して発生するもっとも基本的な論点です．

二つの複素変化量 z, w について，w が z の関数であるというのは微分 dw と微分 dz の比 $\dfrac{dw}{dz}$ が dz に依存せずに確定することを意味するのでした．ところが複素平面からリーマン面に移ると，今度は曲面上を点が動くのですから微分の概念が消失し，微分の比に相当するものが見失われ，関数の概念規定が意味を失ってしまいそうです．複素変数関数論を展開する場をリーマン面に移すことに伴

って，肝心の関数概念の行方が案じられるのですが，この論点の考察に先立ってリーマンはリーマン面上の連続関数について語っています．

　リーマン面 T の各々の点 O において，点の位置とともに連続的に変化する定値を取る変化量は，明らかに x, y の関数とみなされる，とリーマンは簡潔に語っています．リーマン面は複素 z 平面の上空に浮かんでいると想定されていて，x と y はそれぞれ複素変化量 z の実部と虚部で，どちらも実変化量です．「x, y の関数」というのはリーマンのいう「関数」，言い換えると，複素正則関数のことではなく，2 個の実変数 x, y の関数のことで，しかもそこに連続性が課されています．

　各点 O においてというのですから，語られているのは局所的な状況であることになります．例外と見るべき場所はありますが，一般的に言うと，点 O の近傍は単葉です．言い換えると，点 O は複素 z 平面の点の上にのっているとして，その複素平面の点をリーマン面 T の点 O と同じ文字 O で表すことにするとき，リーマン面 T における O の近傍は複素 z 平面における点 O の近傍と同一視されますから，「リーマン面上で変動する点とともに変化する変化量」は「複素平面上で変動する点とともに変化する変化量」とみなされます．さらに複素平面を複素数域と同一視することにより「複素変化量の変化に対応して変化する変化量」と見ることができて，2 個の実変化量 x, y の関数ということにも意味が附与されます．この 2 段階の自然な同一視のことをリーマンは語っています．あくまでもリーマン面を局所的に観察する場合の出来事です．

　一般的に言うのであればこれでいいのですが，リーマン面の全域において連続な関数が考えられているわけではなく，「若干の線と点」を例外と見て受け入れることをリーマンは示唆しています．どのような線と点を思い描いているのか，この段階ではまだ不明瞭ですが，ここに少し長い脚注が附されています．

連続関数に限定するということ

脚註が附されている箇所は「若干の線と点」を例外として許容するというところですが，内容を見ると，それに先立って，リーマン面上の連続関数を考えることにするという，そのことに対する註記になっています．連続関数だけを考えるという制限を課すのは関数の概念それ自体の要請によるのではないと，リーマンはわざわざ言い添えています．

関数の一般概念を採用するというのであれば連続関数に限定しなければならない理由はないことになりますが，不連続関数を避けたのはなぜかというと「無限小解析を適用できるようにするため」というのです．「無限小解析」の原語は Infitesimalrechnung で，そのまま訳出すると「無限小計算」．微分計算という名の微分法と積分計算という名の積分法の総称です．リーマン面のいたるところで不連続な関数も存在します．たとえば，これはリーマンが挙げている例ですが，通約可能な x と通約可能な y に対して値 1 をとり，それ以外の x と y に対しては値 2 をとると定められた関数がその一例で，このような関数は微分も積分もできません．x や y が通約可能というのは単位 1 との関係のもとで諒解されることで，x と 1 が通約可能といえば x が有理数値ということと同じです．x と y がどちらも有理数値の場合には数値 1 を対応させて，それ以外の場合には数値 2 を対応させることにすれば，ディリクレのいう意味での関数が定まります．いたるところで不連続な関数の例で，この関数の淵源をたずねると，リーマンの学位論文が書かれた 1851 年から 22 年前の 1829 年のディリクレの論文

　　「与えられた限界の間の任意の関数を表示するのに用いられる
　　　三角級数の収束について」

に行き当たります．ディリクレはこの論文の末尾において，「変化

量 x が有理数のときはある定値 c に等しく，変化量 x が無理数のときは他の定値 d に等しい」という関数を提示しました．後に「ディリクレの関数」と呼ばれることになる不連続関数で，微分ができないことはもとより（リーマンの意味での）積分もまたできないのですから無限小解析（微積分）の対象にはなりえません．

　リーマンはディリクレの関数にならっていたところで不連続な関数の例を示し，引き続く考察を連続関数の範疇において展開すると宣言したのでした．学位論文の冒頭で「オイラーの用語での連続関数」が語られていたことが思い出されます．「完全に任意の関数」をフーリエ級数に展開しようという時代にさしかかっていた時期であり，リーマン自身も深い関心を示していました．ディリクレの思索を継承して今日のフーリエ解析の根底を作ったことで知られていますが，フーリエ解析の場合には「完全に一般的な関数」から出発して考えていくのが相応しいのに対し，複素変数関数論の場合には対象となるべき「関数」概念を提示することから始めなければなりませんでした．出発点はディリクレのいう意味での関数ではありません．それにもかかわらず，その一事を強調するために，リーマンとしてもここでは不連続関数は取り扱わないことをあえて宣言しなければならなかったのでしょう．

　無限小解析の対象ということなら連続性を課すだけでは不十分で，本当は微分可能な関数に限定しなければならないところです．リーマンが承知していないはずはありませんが，学位論文に連続性と微分可能性を峻別する文言は見あたりません．連続関数の範疇に身を置いて，微分可能性が前提とされている場面では，そのつど注意をうながすようなこともせずにごく自然に偏導関数を作っています．

註記の続き

　リーマンの註記にはもうひとつ論点があり，「若干の線と点」に

関する言葉が続きます．リーマン面上の連続関数を考えるというとき，いたるところで連続であることを課すのではなく，「若干の線と点」において不連続であってもよいとしています．リーマンは何かしら数学的意図があってそのようにしているのであり，この制限については第 15 節で正当化されるであろうというのが，この時点でリーマンが書き留めた註記です．

横断線

リーマン面の一部分を指して，リーマンは Flächentheil と呼んでいます．この一語に「面分」という訳語を割り当てることにしたいと思います．ときおり「断片」という言葉が使われることもあります．リーマンはリーマン面の連結度ということを考えようとしています．そのためには，大前提として「連結なリーマン面」を考えておくことも必要です．これは学位論文の第 6 節の冒頭に書かれていることで，リーマン面上の二つの面分について，一方の面分の点ともう一方の面分の点を結ぶ線をリーマン面の内部を通って引くことができるとき，これらの二つの面分は連結していると言ったり，あるいはまたあるひとつの断片に属すると言ったりするということです．そのような線を引くことができない場合もあり，そのときはそれらの二つの面分は分離しているということにします．このように言葉を規定すると，2 個以上の分離した面分で構成されているのではないリーマン面を指して連結と呼んでいるのであろうと考えてよさそうです．

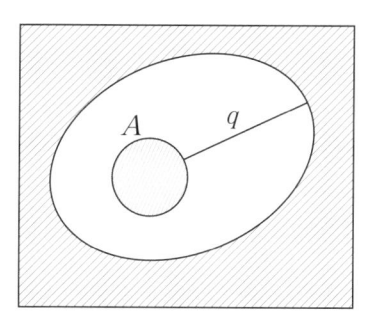

図1　リーマン面 A（白抜きの部分）.
1本の横断線 q が引かれている.

　リーマン面上の関数の考察に先立って，リーマンはリーマン面の連結性の究明に向います．研究の手法は，横断線による区分け，もしくは分割，あるいはまた切り分けというアイデアに基づいています．横断線の原語は Querschnitt です．quer は「横に」「横向きに」「横切って」というほどの意味の副詞, Schnitt は「切ること」「切断」という意味の名詞で，組み合わせて Querschnitt．そこでリーマン面に横断線を引くといえば，線を引いて切り分ける，というほどの感じになります．横断線の代わりに「切断線」という訳語でもよさそうです．

　横断線を引いてリーマン面を切り分けるといっても任意の線を自由に引くのではなく，横断線そのものと横断線の引き方の双方に一定の限定を課して，規則正しく分割していくのでなければリーマン面の連結性に関する情報は得られません．横断線とは何かということ，あるいはまた，どのような横断線を考えるのかということについて，リーマンは，横断線とは，

　　ある境界点から出発して他の境界点に到達するまで，面の内部
　　を通って単純に横断する線のことである．

と明記しています．二つの境界点を結ぶ線が考えられているのは，そのような線でなければリーマン面を切り分けることはできないからです．「単純に横断する」というのは，同一の点を通るのは一度

きりで，重複して何回も同じ点を通過するような線は考えないということです．「面の内部を通って」とわざわざ明記されているのはいくぶん不審ですが，目当ての境界点に到達するまえに途中で別の境界点に届いたりすることはないというほどのことで，全体として非常に素朴な仕方での切り分けが考えられています（図1）．

　一本の横断線が引かれたならリーマン面は切断されて，切断に使用された横断線は，新たに生じたリーマン面の境界線になりますから，次々と横断線を引いていくとそのつど境界線が増えていきます．

単連結なリーマン面

　連結なリーマン面について，リーマンは任意の横断線によりいくつかの断片に分割されるという現象が観察される場合を想定して，そのようなリーマン面を単連結と呼んでいます．「いくつかの断片」というのですから，2個以上の断片が予測されていることになります．実際には2個をこえることはありませんが，定義の文言としてはじめから2個と限定することもできなかったのでしょう．これを単連結なリーマン面の定義として，単連結ではないリーマン面は**多重連結**と呼ばれています．

　次に挙げる定理では，単連結なリーマン面は一本の横断線によりきっかり2個の断片に分れること，そのうえそれらの2個の断片のそれぞれもまた単連結であることが主張されています．

> **定理 I**　単連結なリーマン面 A は，任意の横断線 ab により二つの単連結な断片に区分けされる．

　リーマン面 A は単連結ですから，横断線 ab によりいくつかの断片（実際には2個）に区分けされますが，それらの断片はみなそれ自身が単連結であることを，リーマンは示そうとしています．そこである断片が単連結ではないとすると，その断片において，ある横

断線 cd によりいくつかの断片に区分けされることはないという現象が観察されます．横断線 cd の端点 c と d の位置を考えると，いろいろな場合がありえますが，まずどちらも横断線 ab 上にはないという場合があります．この場合，リーマン面 A は，一本の横断線 cd で切っても連結性は保存されることになります（図2）．

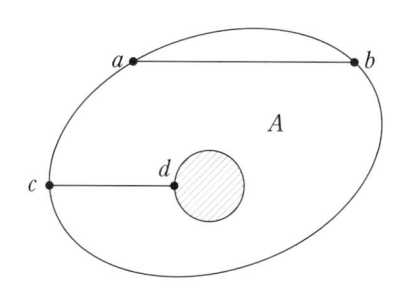

図2　リーマン面 A の横断線 ab を cd に置き換える．
　　　A を横断線 cd に沿って切ると A は連結のままにとどまる．

ところが，これは，A は単連結という前提に反しますから，ありえません．

　次に，二つの端点 c, d のうちのひとつ，たとえば c が横断線 ab の上にあるという場合があります．この場合には ab の一部分の cb を削除し，その代わりに cd を接続して横断線 acd を作ると，リーマン面 A をこの横断線に沿って切っても連結性は保たれます（図3）．

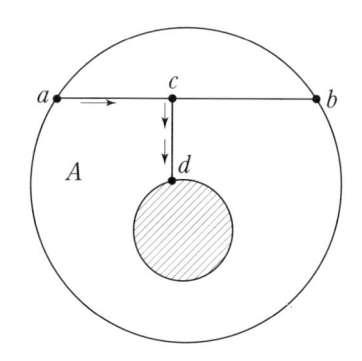

図3　横断線 ab の一部分 cb を cd に置き換えて横断線 acd を作る．
　　　A を acd に沿って切ると A は連結のままにとどまる．

それゆえ，A は単連結という前提と相反してしまいます．

　二つの端点 c, d がどちらも横断線 ab の上にあることも考えられます．その場合には横断線 ab の途中の c から d までの部分を削除して，その代わりに cd をつなげて新たな横断線を作れば，その線で A を切っても連結であることは変わりません（図 4）．

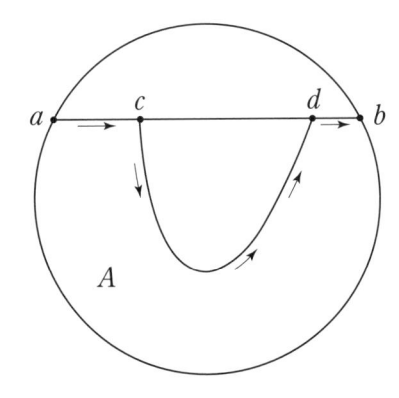

図 4　横断線 ab の一部分の cd を迂回して新たな横断線を作る．
　　　その横断線で A を切ると，A は連結のままにとどまる．
　　　　A は ab により二分される．一方は単連結ではないと仮定され，
　　　そこに横断線 cd が引かれているが，この図はその状況を反映していない．

リーマンはこのように定理 I の証明を書きました．

リーマン面の連結度

　定理 I に続いて定理 II が語られます．この定理に基づいてリーマン面の連結度の概念が定まります．

> **定理 II**　　リーマン面 T は n_1 本の横断線 q_1 により m_1 個の単連結
> な面分の系 T_1 に切り分けられ，n_2 本の横断線 q_2 により m_2 個の面
> 分の系 T_2 に切り分けられるとする．このとき，
> $$n_2 - m_2 > n_1 - m_1$$
> ではありえない．

　リーマンの言葉のとおりに「$n_2 - m_2 > n_1 - m_1$ ではありえない」
と記しましたが，これを逆に見れば等号つきの不等式

$$n_2 - m_2 \leqq n_1 - m_1$$

が成立するということにほかなりません．系 T_1 を構成する面分は
どれも単連結であること，系 T_2 に属する面分については何も制限
が課されていないことに留意しておきたいと思います．また，複数
個の横断線で切り分けるというのは，提示された横断線をひとつず
つ用いて次々と切断していく作業のことを意味しています．リーマ
ン自身が脚注を附して，そのように説明しています（図 5, 6, 7, 8）．

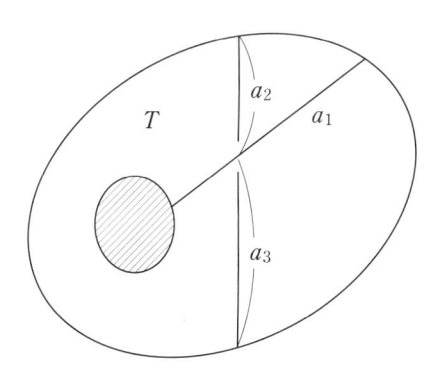

図 5　T に 3 本の横断線 a_1, a_2, a_3 が引かれている．　$q_1 = \{a_1, a_2, a_3\}$.

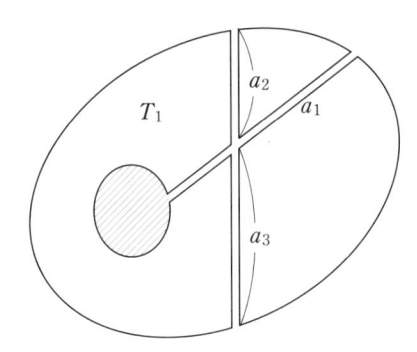

図6　T が q に属する 3 本の横断線 a_1, a_2, a_3 に沿って 3 個の単連結な面分に切り分けられて，T_1 に変換された．
$q_1 = \{a_1, a_2, a_3\}$, $n_1 = 3$, $m_1 = 3$.

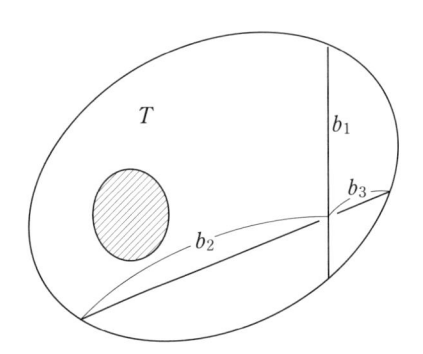

図7　T に 3 本の横断線 b_1, b_2, b_3 が引かれている．　$q_2 = \{b_1, b_2, b_3\}$.

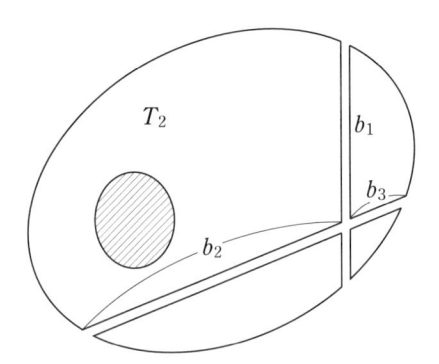

図8　T が q_2 に属する 3 本の横断線 b_1, b_2, b_3 に沿って 4 個の面分に切り分けられて，T_2 に変換された．$q_2 = \{b_1, b_2, b_3\}$, $n_2 = 3$, $m_2 = 4$

定理 II の証明に向けて長い記述が続きます．n_2 本の横断線の集まりを q_2 と表記していますが，q_2 に属する横断線のすべてがもうひとつの横断線の集り q_1 に完全に含まれるということがない限り，q_2 に属する横断線の各々は同時に面 T_1 の横断線を作ります．そのように見たときの横断線の集りを q_2' で表します．ここで，T_1 は m_1 個の単連結な面分の作る系を表す記号だったのですが，それらの面分を合わせた（連結ではない）リーマン面を同じ記号 T_1 で表しました．

　横断線の系 q_2' の端点は次のとおり．

1° 　q_2 に属する横断線の端点．全部で $2n_2$ 個．ただし，それらの横断線の各々について，その両端点から途中までの部分が，q_1 に所属するある横断線の一部分と重なるものは除外します（図9）.

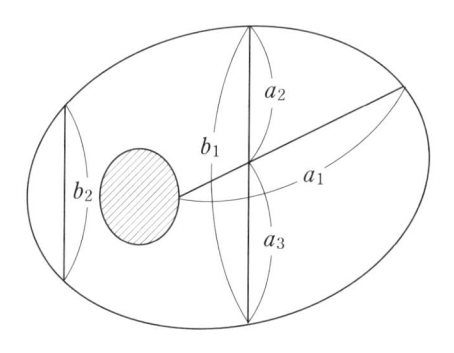

図9　$q_1 = \{a_1, a_2, a_3\}$ 　　$q_2 = \{b_1, b_2\}$
　　　q_2 の横断線 b_1 は q_1 の 2 本の横断線 a_2, a_3 が連結して作られている.
　　　b_1 の二つの端点のうち，一方は a_2 の端点であり，他方は a_3 の端点である.
　　　b_1 は T_1 の横断線にはなりえない.
　　　b_2 は T_1 の横断線でもありえて，q_2' に属する.

また，q_2 の横断線が q_1 の横断線の中間部分と重なり合うこともあ

ります．その場合にも，その q_2 の両端点は除外しなければなりません（図 10）．

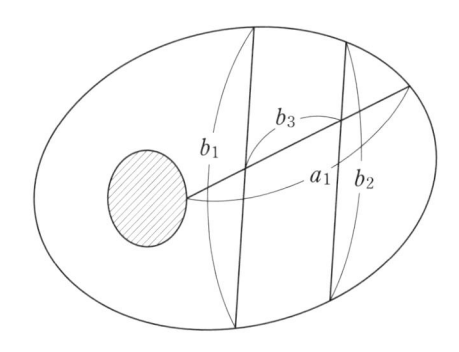

図 10　$q_1 = \{a_1\}$　　　$q_2 = \{b_1, b_2, b_3\}$

q_2 の横断線 b_3 は q_1 の横断線 a_1 の中間部分と重なり合っている．

2°　q_2 に属する横断線の中間にあり，q_1 に属する横断線の中間点と出会う点．言い換えると，q_2 の横断線と q_1 の横断線が交叉する点が考えられています（図 11）．

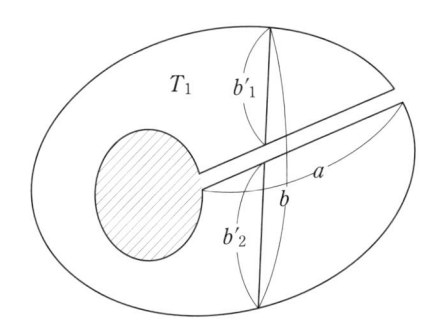

図 11　q_1 の横断線 a と q_2 の横断線 b が交叉している．

T を a に沿って切り開いて T_1 に変換すると，b は a と b の交点において二つの線 b'_1, b'_2 に分けられる．b'_1, b'_2 は q'_2 の横断線である．

ただし，q_2 の横断線と q_1 の横断線の交点というだけではだめで，q_2 の横断線のうち端点からその出会いの点までの部分（このよう

な部分を「端の部分」と呼ぶことにします）が別の q_1 の横断線に含まれていることもあります．その場合にはその中間点はその別の q_1 の横断線の端点になっていますから，q_2' の端点ではありえません（図 12）．

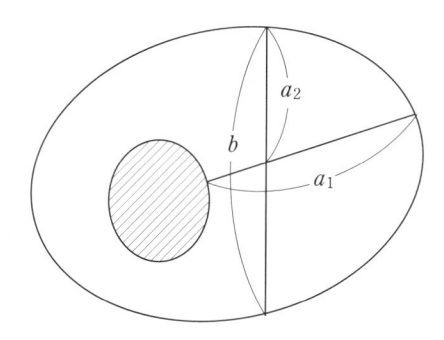

図 12　q_1 の横断線 a_1 と q_2 の横断線 b が交叉している．その交点において b は二分されるが，一方は q_1 の横断線 a_2 と重なっているので，q_2' の横断線ではない．a_1 と b の交点は a_2 の端点である．

横断線の系が二つ考えられていますが，それぞれの系に属する 2 本の横断線は，一方の端点からもう一方の端点に向って進んでいく途中で出会ったり離れたりします．そのような現象が観察される回数をすべて数えて，総数を μ で表します．2 本の横断線の共通点が孤立している場合には，まず出会い，それから離れていくのですから，その点において，出会いと別れの回数を 2 回と数えることになります．

q_1 の横断線の端の部分が q_2 の横断線の中間部分と重なり合う回数を ν_1 で表します．

q_2 の横断線の端の部分が q_1 の横断線の中間部分と重なり合う回数を ν_2 で表します．

q_1 の横断線の端の部分が q_2 の横断線の端の部分と重なり合う回数を ν_3 で表します．

このように記号を定めて T_1 の横断線の系 q_2' の端点の個数を数えると，上記の 1° により $2n_2 - \nu_2 - \nu_3$ 個の端点が与えられます．また，2° により $\mu - \nu_1$ 個の端点が与えられます．これらの端点を合わせると横断線の系 q_2' のすべての端点が得られます．端点はどれも 1 回ずつ数えられていますから，端点の総数を 2 で割ると系 q_2' に属する横断線の本数が判明します．それは，

$$\frac{2n_2 - \nu_2 - \nu_3 + \mu - \nu_1}{2} = n_2 + s$$

という式で与えられます．ここで，

$$s = \frac{-\nu_2 - \nu_3 + \mu - \nu_1}{2}$$

と置きました．

まったく同様の論証により，横断線の系 q_1 はリーマン面 T_2 の横断線の系 q_1' を定めますが，この系に属する横断線の本数は

$$\frac{2n_1 - \nu_1 - \nu_3 + \mu - \nu_2}{2} = n_1 + s$$

であることがわかります．

ところで，これは明白なことですが，リーマン面 T_1 を，系 q_2' を構成する $n_2 + s$ 本の横断線により切り開いて生成されるリーマン面は，リーマン面 T_2 を，系 q_1' を構成する $n_1 + s$ 本の横断線により切り開いて生成されるリーマン面と同一です．ところが，T_1 は m_1 個の単連結な面分で作られているのでした．それゆえ，定理 I により，$n_2 + s$ 本の横断線により $m_1 + n_2 + s$ 個の面分に区分けされます．したがって，T_2 は $n_1 + s$ 本の横断線により $m_1 + n_2 + s$ 個の面分に区分けされることになりますが，T_2 を構成する面分は m_2 個であり，$n_1 + s$ 本の横断線を用いて次々と切断を続けても増加する面分は高々 $n_1 + s$ 個です．そこで，もし

$$m_2 < m_1 + n_2 - n_1$$

とすると，不等式

$$m_2+n_1+s<(m_1+n_2-n_1)+n_1+s=m_1+n_2+s$$

が成立しますから，この切断により増加する面分の個数は m_1+n_2+s 個に達しません．これは不合理なことですから，これで

$$m_2\geqq m_1+n_2-n_1$$

となること，言い換えると，不等式

$$n_2-m_2\leqq n_1-m_1$$

が成立することが明らかになりました．定理 II はこれで証明されました．

第5章　リーマン面上の面積分と線積分

連結度

　一般に，n 本の横断線による切断を遂行して生成される面分の個数を m で表すことにします．特にそれらの m 個の面分がすべて単連結であるように区分けが行われた場合には，定理 II によれば，そのような区分けをどのように行っても数 $n-m$ はつねに一定であることがわかります．

　これを見るために，2 通りの区分けを考えてみます．ひとつは n_1 本の横断線による m_1 個の面分への区分けであり，もうひとつは n_2 本の横断線による m_2 個の面分への区分けです．前者の区分けにより生じる面分がすべて単連結なら，定理 II により，不等式 $n_2-m_2 \leqq n_1-m_1$ が成立します．また，後者の区分けにより生じる面分がすべて単連結なら，不等式 $n_1-m_1 \leqq n_2-m_2$ が成立します．それゆえ，双方の区分けがともにすべて単連結な面分への区分けである場合には，等式

$$n_1-m_1 = n_2-m_2$$

が成立します．これで，単連結な面分への区分けにおいて「$n-m$ はつねに一定」という，上記の主張が確認されました．この定数に対し，リーマンは，リーマン面の**連結度**という呼称を提案しました (図 1)．

　連結度をめぐって，リーマンのあれこれの言葉が続きます．リー

マン面を一本の横断線により切断すると，連結度はそのつど 1 だけ減少します．これは連結度の定義そのものにより明白ですが，図 2 の模型図で示されたリーマン面 T を例にとると，T には二つの穴があいています．

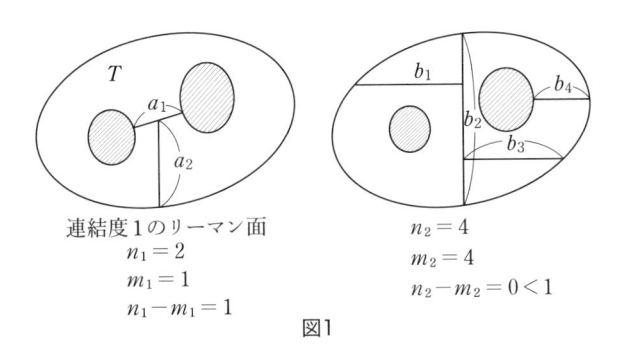

連結度1のリーマン面
$n_1 = 2$
$m_1 = 1$
$n_1 - m_1 = 1$

$n_2 = 4$
$m_2 = 4$
$n_2 - m_2 = 0 < 1$

図1

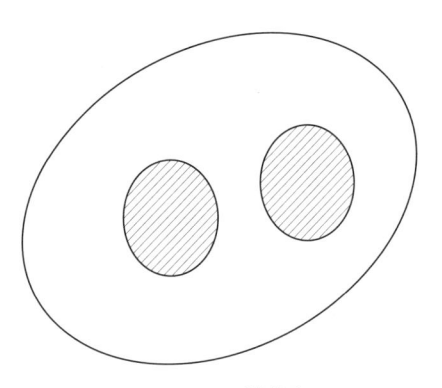

図 2　T：連結度 1

これを 2 本の横断線 ℓ_1, ℓ_2 に沿って切ると単連結面 T_1（図 3）になります．

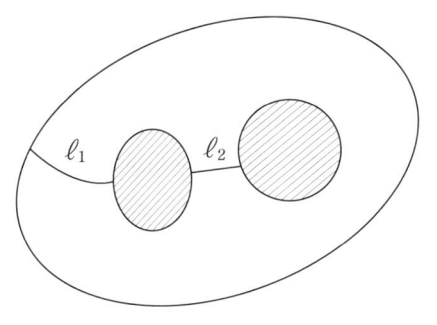

図3　T_1：連結度 -1

それゆえ，T の連結度は $2-1=1$ です．また，T を横断線 ℓ_1 に沿って切り開いて得られるリーマン面を T_2（図4）で表すと，T_2 は1本の横断線 ℓ_2 に沿って切ると単連結面 T_1 になります．

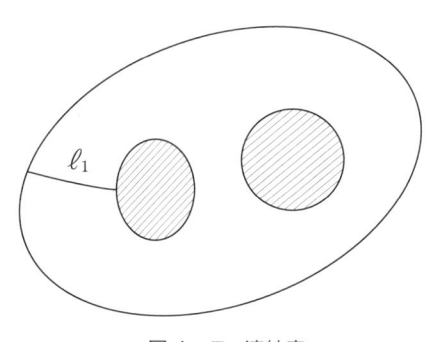

図4　T_2：連結度 0

それゆえ，T_2 の連結度は $1-1=0$ となり，T の連結度より1だけ減少します．T_1 は単連結ですから，連結度は $0-1=-1$ です．

　T を横断線 ℓ に沿って切り開いて得られるリーマン面を T_3（図5）とするとき，T_3 は2本の横断線 ℓ_1, ℓ_2 で切ると2個の単連結面に分れます．したがって T_3 の連結度は $2-2=0$ であり，やはり T の連結度より1だけ減少します．

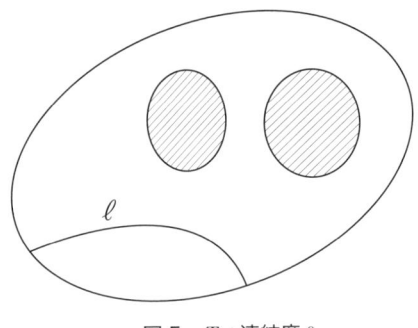

図 5　T_3：連結度 0

　また，リーマン面のある内点から出発して単純に内部を横断する線を境界に達するまでのばし，その線に沿ってリーマン面を切断しても連結度は不変です．たとえば，先ほどの模型図のリーマン面 T_1 の内点 a を定め，a から出発して境界に向う線 ℓ を描き，ℓ に沿って T_1 を切り開いて T_4（図 6）を作ります．

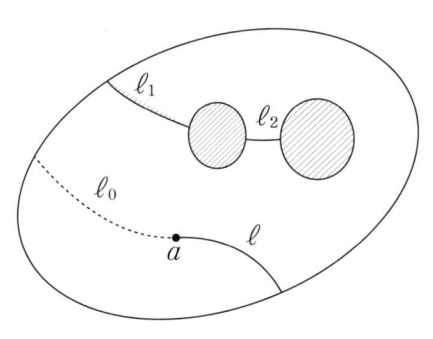

図 6　T_4：連結度 -1

　この T_4 の連結度はどうなるかというと，図 6 のように線 ℓ_0 に沿って T_4 を切るとき，ℓ と ℓ_0 は連結して 1 本の横断線 $\ell_3 = \ell + \ell_0$ を形成し，T_4 は二つの単連結面に分れます．それゆえ，T_4 の連結度は $1-2=-1$ であり，T_1 の連結度と同じです．

あるいはまた，リーマン面のある内点から出発して，単純に内部を横断する線を延長していって，どこかしら自分自身の点に達したらそこで立ち止まることにします．その線に沿ってリーマン面を切り開いても連結度は不変です．「単純に横断する線」というのは，自分自身と交叉することがない線というほどの意味であろうと思われます．再びリーマン面 T_1 を観察してみます．内点 a から出発して前進し，点 b を通過してさらに進み，再び点 b にもどってきたところで止まります．閉曲線がひとつできていますが，この線 ℓ に沿って T_1 を切り開いて作られるリーマン面 T_5 （図7）の連結度はどのようになるのかを知りたいのですが，T_4 の場合にそうしたように ℓ に連結する線 ℓ_0 に沿って T_5 を切ると，単連結な面分は二つ（閉曲線の内部とその外側）ですから，連結度は $1-2=-1$ となり，T_1 の連結度と同じです．

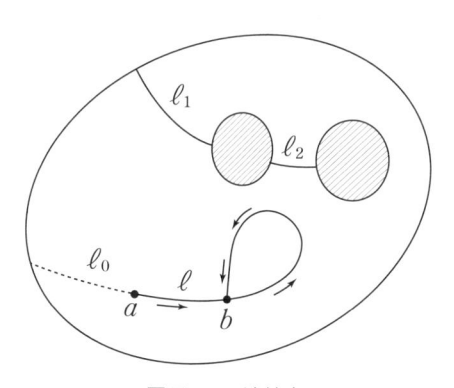

図7　T_5：連結度 -1

　面の連結度は，いたるところで単純で内部の2点で終点に達する横断線を用いて切り開くと1だけ増加します．図2の二つの穴のあいているリーマン面 T の2点 a,b を結ぶ線 ℓ を引き，この線に沿って切り開いて T_6（図8）を作ってみます．

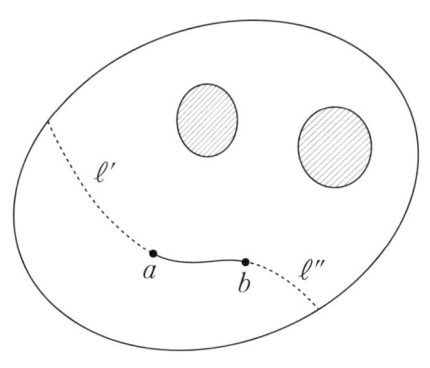

図 8　T_6：連結度 2

点 a から出発して境界に達するまで線 ℓ' を引き，点 b から出発して境界に到達するまで線 ℓ'' を引いて，この 2 本の線と，2 本の線 ℓ_1, ℓ_2 に沿って T_6 を切り開くと二つの単連結面分に分れます．それゆえ，T_6 の連結度は $4-2=2$ となり，T の連結度は 1 だけ増加します．

多重連結面

連結度についてリーマンが語っていることのおおよそを再現すると上記のようになります．連結ではないリーマン面の連結度は，各々の面分の連結度の総和と理解することにしますが，リーマンは考察の対象を連結なリーマン面に限定して，その連結性を表現するもうひとつの言葉を提案しました．それは**多重連結性**という概念で，一般に $n-1$ 本の横断線に沿って切り開いて単連結な面に変換されるリーマン面を指して，n 重連結面と呼ぼうというアイデアです．単連結面についてはそのままですが，2 重連結面（図 9），3 重連結面（図 10），という呼称が新たに発生します．

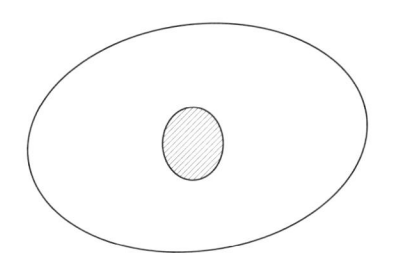

図9　2重連結面

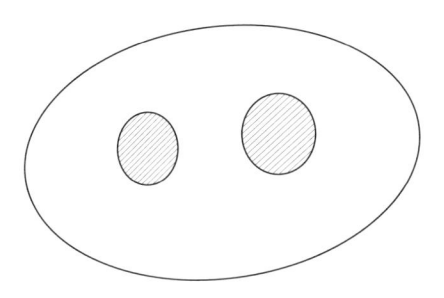

図10　3重連結面

境界の連結性をめぐって

　リーマン面の境界の連結性はリーマン面それ自体の連結性と関連があります．リーマンは二つの命題を挙げました．

1)単連結なリーマン面の境界は1本の閉曲線で作られている．

　あるリーマン面の境界がいくつかの分離した部分で構成されているとして，ある部分 a のある点を，もうひとつの部分 b のある点と結ぶ横断線 q に沿ってリーマン面を切ってみます．そのようにしてもリーマン面の連結性は保たれます．実際，その場合，a に沿って，横断線 q の一方の側から反対側に横断線を引くことができるから，というのがリーマンによる説明です．図11はその様子をおおよそ示

しています.

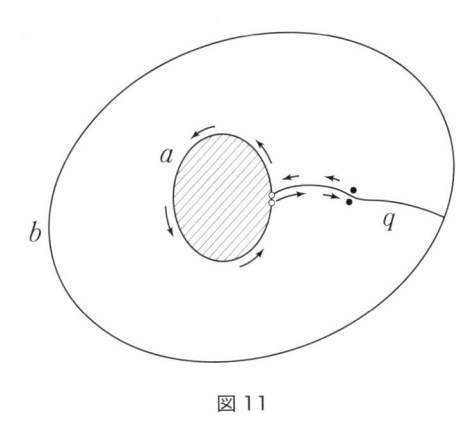

図 11

したがって, 横断線 q に沿ってリーマン面を切り開いてもリーマン
面が二つの部分に分れることはありませんが, これは単連結という
前提に反しています.

2) リーマン面に 1 本の横断線を引いて切り開くと, 境界を構成する
　部分の個数はひとつ減少するか, あるいはひとつだけ増加する.

　リーマン面の境界を構成する二つの部分を a, b とし, a の点と b の
点を横断線 q で結んでみます. このとき, これらの線を a, q, b, q の
順につなぐと, 1 本の閉曲線が形成されます. その閉曲線に沿ってリ
ーマン面を切り開くと, 当初のリーマン面の二つの境界部分であっ
て 2 本の別個の線 a, b が連結して, 切り開かれたリーマン面の 1 個
の境界部分を作ることになります. それゆえ, この場合, 境界部分
の個数は 1 個減少します(図 12).

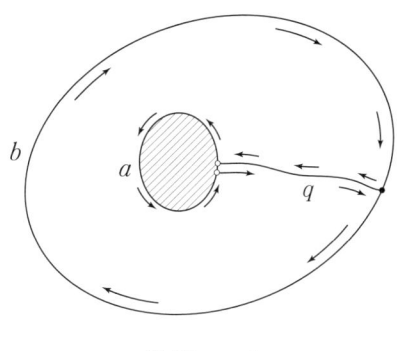

図 12　−1

　あるいはまた，ある境界部分の 2 点を 1 本の横断線 q で結んでみます．すると，その境界は横断線 q の両端点により二分され，二つの部分の各々に q を連結すると，2 本の閉境界線が形成されます．それゆえ，この場合には境界部分が 1 個増大します(図 13)．

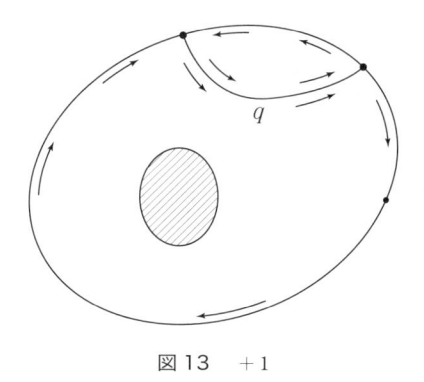

図 13　＋1

　最後に，境界部分 a 上の点から出発してリーマン面の内部を進み，最後に自分自身に立ち返ってくる横断線 q を描いてみます(図 14)．

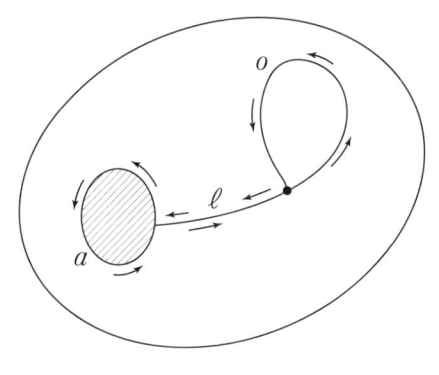

図 14　　＋1

この場合，q は 1 本の線 ℓ と閉曲線 o で作られていて，ℓ は o の点と a の点を結んでいます．一方では o がひとつの閉境界部分を形作り，他方では a, ℓ, o, ℓ をこの順につなぐとひとつの閉境界部分を形作っていますから，境界部分の個数は 1 個増大しています．

境界部分の個数について

このような考察を通じて，

n 重連結面の境界を構成する部分の個数は n に等しいか，あるいは n 個よりも偶数個だけ少ない．

という事実が明らかになります．実際，T は n 重連結面とし，その境界部分の個数を m としてみます．定義により，T は $n-1$ 本の横断線に沿って切り開くと単連結面に変換されます．$n-1$ 本の横断線のうち，μ 本の横断線に沿って切るとそのつど境界部分がひとつ増え，他の $n-1-\mu$ 個の横断線に沿って切るとそのつど境界部分がひとつ減少するものとします．このとき，$n-1$ 本の横断線に沿って切ると，境界部分は

$$m-(n-1-\mu)+\mu = m-n+1+2\mu$$

個になります。ところが，単連結面の境界は1本の閉曲線なのですから，等式 $m-n+1+2\mu=1$ が成立します。これより，

$$m = n-2\mu$$

となります。

　これで n 重連結なリーマン面の境界部分の個数は n であるか，あるいは n 個よりも偶数個だけ少ないことがわかりました。前者の場合，いたるところで単純な閉曲線をリーマン面の内部に描き，その線に沿って切り開くと，連結度は変りませんが，境界部分の個数は2個増加します(図15)。

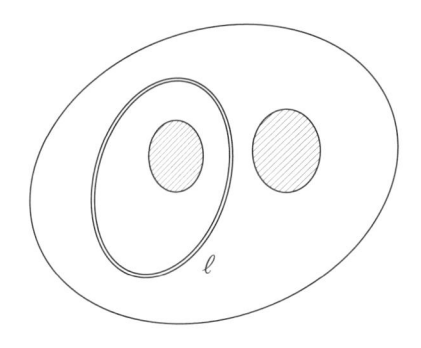

図15　閉曲線 ℓ は ℓ の内部の面分と ℓ の外部の面分の境界になる。
　　　境界は2個増加する。

それゆえ，もし切り開かれた面が依然として連結であるとするなら，$n+2$ 個の境界部分をもつ n 重連結面が作られることになります。ところが，そのようなことはありえません。それゆえ，n 重連結面が n 個の境界部分をもつ場合，その面は，面内に描かれた単純閉曲線により二つの部分に切り離されることがわかります。

面積分 $\displaystyle\int\left(\frac{\partial X}{\partial x}+\frac{\partial Y}{\partial y}\right)dT$

　リーマン面の連結度という位相的性質の観察に続いて，リーマンはリーマン面上の関数の積分の考察に移りました．A は複素 z 平面とし，T は A 上に広がるリーマン面とします．$z=x+iy$ と表記し，X と Y は T のすべての点において連続な x,y の関数として，積分

$$\int\left(\frac{\partial X}{\partial x}+\frac{\partial Y}{\partial y}\right)dT$$

を考えます．dT は T の面素で，積分は T の全域にわたって行われます．

　境界の各点において，面の内部に向う法線を引き，その法線の x 軸に対する傾きを ξ で表し，y 軸に対する傾きを η で表すと，等式

$$\int\left(\frac{\partial X}{\partial x}+\frac{\partial Y}{\partial y}\right)dT=-\int(X\cos\xi+Y\cos\eta)ds$$

が成立します．右辺の積分において，ds は T の境界を作る線の線素で，積分は境界の全域にわたって遂行されます．

　リーマンとともにこの等式を確認したいと思います．積分 $\displaystyle\int\frac{\partial X}{\partial x}dT$ の変形をめざして，平面 A に x 軸に平行な直線をたくさん引いて帯状領域に区分けします．もっとも A の全域にわたって区分けする必要はなく，面 T で覆われている部分に目を留めれば十分です．T には分岐点が存在しますが，分岐点は帯状領域を作る直線の上部に乗っているようにしておきます．帯の幅を dy として，帯の上部に広がる T を眺めると，いくつもの四辺形が折り重なっている姿が目に映じます．それらの四辺形の 2 辺は x 軸に平行で，幅は dy ですから，個々の四辺形上で量

$$dy\int\frac{\partial X}{\partial x}dx$$

を算出し，それらのすべてを寄せ集めると積分 $\int \frac{\partial X}{\partial x} dT$ の値が得られます．

そこでこの積分 $\int \frac{\partial X}{\partial x} dx$ の数値の表示についてですが，幅が dy の帯が考えられていて，dy というのは無限小量ですから，無限小の幅の帯ということになって線分と同じことです．その線分の上方にリーマン面 T 上に描かれたいくつもの線分が浮かんでいる情景が目に映じます．それらの線分の各々に端点が二つずつ．下の端点，言い換えると x の最小値に対応する点を $O\prime, O\prime\prime, O\prime\prime\prime, \cdots$ とし，上の端点，言い換えると x の最大値に対応する点を $O', O'', O''', \cdots$ とします．また，これらの点における関数 X の値をそれぞれ $X\prime, X\prime\prime, \cdots, X', X'', \cdots$ で表し，帯状領域により切り取られる境界の線素を $ds\prime, ds\prime\prime, \cdots, ds', ds'', \cdots$ これらの線素における ξ の値を $\xi\prime, \xi\prime\prime, \cdots, \xi', \xi'', \cdots$ で表します．このように定めると，等式

$$\int \frac{\partial X}{\partial x} dx = -X\prime - X\prime\prime - X\prime\prime\prime \cdots$$
$$+ X' + X'' + X''' \cdots$$

が成立します．

角度 ξ は下の端点では鋭角であり，上の端点では鈍角ですから，

$$dy = \cos\xi\prime \, ds\prime = \cos\xi\prime\prime \, ds\prime\prime = \cdots$$
$$= -\cos\xi' ds' = -\cos\xi'' ds'' = \cdots$$

という関係が成立します(図 16)．

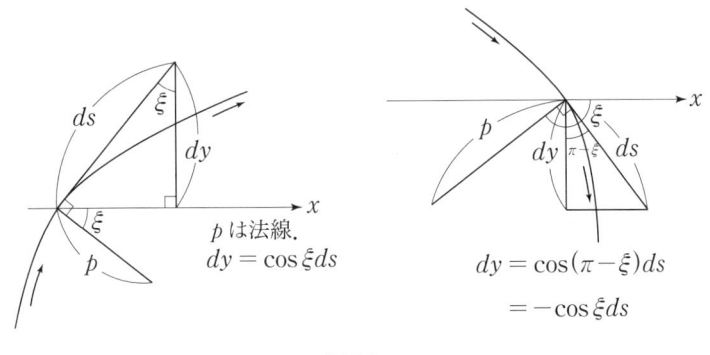

$$p は法線.$$
$$dy = \cos\xi ds$$

$$dy = \cos(\pi-\xi)ds$$
$$= -\cos\xi ds$$

図 16

これらの値を代入すると，

$$dy \int \frac{\partial X}{\partial x}\,dx = -\sum X \cos\xi ds$$

となります．ここで，右辺の和は，リーマン面 T の境界線の線素の
うち，y 軸上への射影が dy になるもののすべてにわたっています．

　この値をすべての dy にわたって寄せ集めて総和を作れば，リーマ
ン面 T 上の積分値が算出されて，等式

$$\int \frac{\partial X}{\partial x}\,dT = -\int X \cos\xi ds$$

が得られます．同様の議論により，もうひとつの等式

$$\int \frac{\partial Y}{\partial y}\,dT = -\int Y \cos\eta ds$$

も導かれます．これらを合わせると，リーマン面 T 上の積分（面積
分）を T の境界線上の積分（線積分）と結ぶ等式

$$\int \left(\frac{\partial X}{\partial x} + \frac{\partial Y}{\partial y}\right)dT = -\int (X \cos\xi + Y \cos\eta)ds$$

が手に入ります．

積分等式の変形

　境界線上に一点を指定し，その定点から出発して境界線に沿って不定点 O_0 まで進み，その間の境界線の長さを s で表します．その際，進行方向を定めなければなりませんが，それについてはのちほど検討します．

　不定点 O_0 において境界線に法線を引き，その法線上の不定点 O から O_0 までの距離を p で表します．リーマン面 T は複素 z 平面 A の上に広がっていますから，T の点 O には x と y の数値が附随しています．それらの値は s と p の関数とみなされますが，x, y と s, p は偏微分方程式

$$\frac{\partial x}{\partial p} = \cos\xi, \ \frac{\partial y}{\partial p} = \cos\eta,$$

$$\frac{\partial x}{\partial s} = \pm\cos\eta, \ \frac{\partial y}{\partial s} = \mp\cos\xi$$

で結ばれています．後半の二つの等式の右辺に正負の符号が附されていますが，量 s が増加する方向に対して法線 p の正の方向がなす角度が，y 軸の正方向に対して x 軸の正方向がなす角度と同一なら上側の符号を採用し，そうでなければ下側の符号を採用します(図17)．

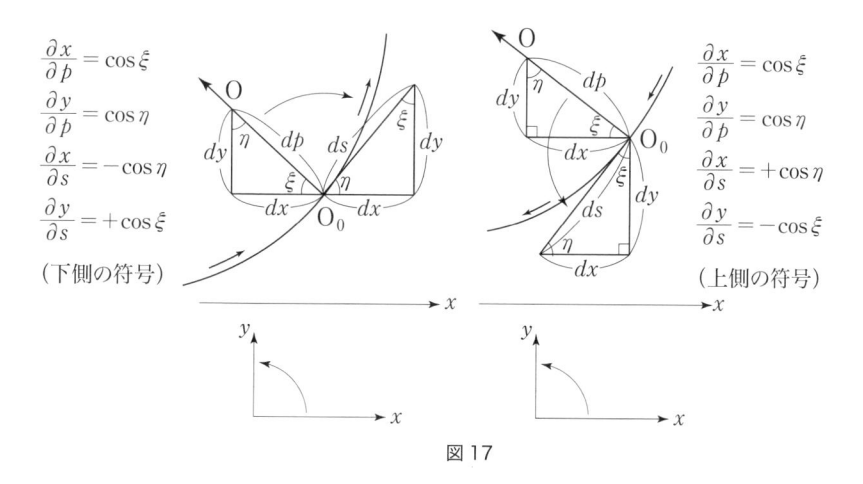

図17

そこで境界のあらゆる部分において, s が増加する方向を, 等式

$$\frac{\partial x}{\partial s} = \frac{\partial y}{\partial p}, \quad \text{したがって } \frac{\partial y}{\partial s} = -\frac{\partial x}{\partial p}$$

が成立するように選定することにします. このように定めても一般性は妨げられないと, リーマンは言い添えています.

リーマン面 T の境界の方向をこのように定めると, 前節の面積分と線積分を結ぶ等式は

$$\int \left(\frac{\partial X}{\partial x} + \frac{\partial Y}{\partial y} \right) dT = -\int \left(X \frac{\partial x}{\partial p} + Y \frac{\partial y}{\partial p} \right) ds$$
$$= \int \left(X \frac{\partial y}{\partial s} - Y \frac{\partial x}{\partial s} \right) ds$$

と表記されます.

面積分と線積分に関する諸定理

前節の等式において, 二つの関数 X, Y に対し, いたるところで等式

$$\frac{\partial X}{\partial x} + \frac{\partial Y}{\partial y} = 0$$

が満たされる場合を考えると, さまざまな命題が取り出されます.

I. X と Y はリーマン面 T のすべての点において有限な連続関数で, しかも等式

$$\frac{\partial X}{\partial x} + \frac{\partial Y}{\partial y} = 0$$

が満たされるとすると, 等式

$$\int \left(X \frac{\partial x}{\partial p} + Y \frac{\partial y}{\partial p} \right) ds = 0$$

が成立します．ここで，積分は T の全境界にわたって行われます．

　複素 z 平面 A の上にリーマン面 T_1 が広がっているとして，何らかの仕方で二つのリーマン面 T_2, T_3 に分けられたとします．このとき，T_2 の境界に沿う積分

$$\int \left(X\frac{\partial x}{\partial p} + Y\frac{\partial y}{\partial p} \right) ds$$

は，T_1 の境界に沿う積分と T_3 の境界に沿う積分の差とみなされます（図 18）．

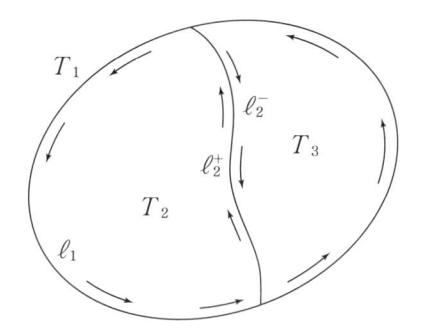

図18　T_2 の境界に沿う積分と T_3 の境界に沿う積分を加えると，
　　　ℓ_2^+ 上の積分と ℓ_2^- 上の積分が相殺して T_1 の全境界に沿う積分が現れる．

II. 複素平面 A 上に広がるリーマン面 T の境界全体にわたって行われる積分

$$\int \left(X\frac{\partial x}{\partial p} + Y\frac{\partial y}{\partial p} \right) ds$$

の値は，T を自由に拡大しても縮小してもつねに一定に保たれます．ただし，拡大の際に付け加えられる面分において，定理 I の前提になっている等式 $\dfrac{\partial X}{\partial x} + \dfrac{\partial Y}{\partial y} = 0$ が成立しない場合にはこの限りではありません．

第6章　調和関数の除去可能な不連続点

境界積分 $\int\left(X\dfrac{\partial x}{\partial p}+Y\dfrac{\partial y}{\partial p}\right)ds$ をめぐって

　リーマン面上の関数の積分に関するあれこれの話を続けます．A は複素平面とし，T は A の上に広がるリーマン面とします．X と Y は面 T 上の関数で，微分方程式

$$\frac{\partial X}{\partial x}+\frac{\partial Y}{\partial y}=0$$

を満たすとするのは既述のとおりです．ただし，今度は T の全域にわたってこの微分方程式がみたされるのではなく，T 上に X,Y の不連続点が存在するとして，しかも不連続性は孤立した線や孤立した点において現れるという場合を考えてみます．この場合，そのような不連続線と不連続点を小さな面分で覆い，その面分の境界で取り囲むと，T の全境界にわたる積分

$$\int\left(X\frac{\partial x}{\partial p}+Y\frac{\partial y}{\partial p}\right)ds$$

は，不連続線と不連続点のすべてを取り囲む面分の境界上での積分

$$\int\left(X\frac{\partial x}{\partial p}+Y\frac{\partial y}{\partial p}\right)ds$$

の総和に等しくなります．これについては既述のとおりです（第5章，80–81頁の定理 I 参照）．

　リーマン面 T 上に X,Y の不連続点が1個だけ存在するとして，その点を P とします．P から T の不定点までの距離 ρ が限りなく小さくなるとき，積 ρX と ρY もまた限りなく小さくなるなら，上記

の積分は0になります.

　これを確認するために，不連続点 P を始点とする極座標 ρ,φ を導入します．その際，初期方向，言い換えると $\varphi=0$ に対応する方向は任意に定めます．P のまわりに半径 ρ の円を描き，その円に沿って一周して上記の積分を計算すると，積分の数値は

$$\int_0^{2\pi}\left(X\frac{\partial x}{\partial p}+Y\frac{\partial y}{\partial p}\right)\rho ds$$

という形に表示されます．ところが，この積分値は0と異なる値 κ ではありえません．実際，κ がどのような値であっても，ρ を十分に小さく取ると，$\left(X\frac{\partial x}{\partial p}+Y\frac{\partial y}{\partial p}\right)\rho$ の大きさ（符号は別にして，数値の大きさの意．絶対値のこと）は φ のどのような値に対しても $\frac{\kappa}{2\pi}$ よりも小さくなります．そこで，そのように ρ の値を定めると，不等式

$$\int_0^{2\pi}\left(X\frac{\partial x}{\partial p}+Y\frac{\partial y}{\partial p}\right)\rho ds<\kappa$$

が成立します．これで確認されました．

単連結面上の積分

　今度はリーマン面 T は単連結として，T の任意の面分に対し，その全境界に沿って積分

$$\int\left(X\frac{\partial x}{\partial p}+Y\frac{\partial y}{\partial p}\right)ds$$

を遂行するとつねに0になるという状況を考えてみます．この積分の代りに，積分

$$\int\left(Y\frac{\partial x}{\partial s}-X\frac{\partial y}{\partial s}\right)ds$$

が0になると言っても同じことになります．

この状況を前提として考えていきます．T 上に 2 点 O_0 と O を指定して，O_0 から O に向う線を描き，その線に沿って積分

$$\int \left(X \frac{\partial x}{\partial p} + Y \frac{\partial y}{\partial p} \right) ds$$

あるいはまた，

$$\int \left(Y \frac{\partial x}{\partial s} - X \frac{\partial y}{\partial s} \right) ds$$

を遂行すると，その値は 2 点 O_0, O を結ぶ線に依存せずにつねに同じ値をもちます．

これを確認します．2 点 O_0, O を結ぶ 2 本の線を描き，それらを s_1, s_2 とします．点 O_0 を出発して s_1 に沿って O に向い，O に到達したなら今度は s_2 に沿って O から O_0 に向います．こうして 1 本の閉曲線が形成されますが，それを s_3 とします (図 1)．その形状について考えると，いろいろな場合があります．重複して通過する点が存在しない場合には s_3 は単純な閉曲線になり，s_3 はそれが囲む面分の全境界になります．したがって，仮定されていることにより，s_3 に沿って積分

$$\int \left(X \frac{\partial x}{\partial p} + Y \frac{\partial y}{\partial p} \right) ds$$

を遂行すると，積分値として 0 が得られます．これを言い換えると，この積分を O_0 から O まで s_1 に沿って積分しても s_2 に沿って積分しても同じ値になるということにほかなりません．

s_3 が重複点をもつ場合にも同じことが成立すると言いたいのですが，一例として (図 2) を見ると，s_1 と s_2 は点 P において交叉していますから，s_3 は P を 2 回にわたって重複して通過することになります．s_3 で囲まれた面分は T_1 と T_2 に二分され，それぞれ単純な閉曲線 l_1, l_2 で囲まれています．リーマン面 T を閉曲線 l_1 に沿

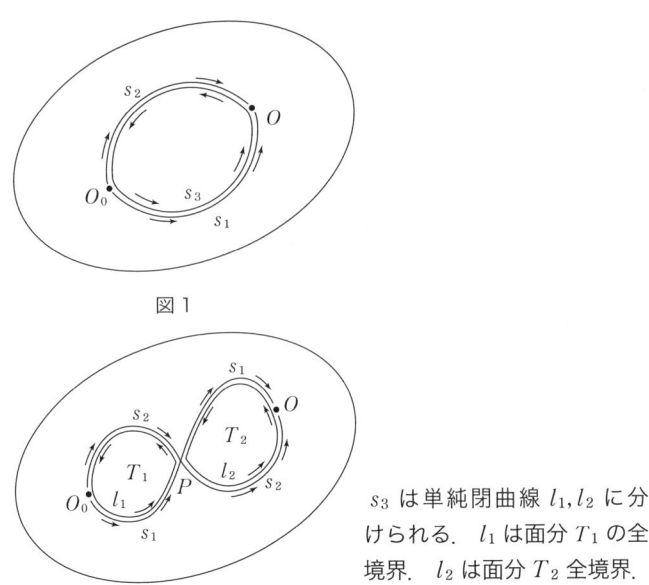

図1

s_3 は単純閉曲線 l_1, l_2 に分
けられる．l_1 は面分 T_1 の全
境界．l_2 は面分 T_2 全境界．

図2

って切ると二つの面分に区分けされ，一方の面分 T_1 は単連結，もう
一方の面分は2重連結です．l_1 は面分 T_1 の全境界ですから，仮定さ
れていることにより，l_1 に沿って積分

$$\int \left(X \frac{\partial x}{\partial p} + Y \frac{\partial y}{\partial p} \right) ds$$

を遂行すると，積分値は 0 になります．

　閉曲線 l_2 と面分 T_2 についても同様ですから，l_2 に沿う積分値も
0 です．s_3 に沿う積分は l_1 に沿う積分と l_2 に沿う積分の和になりま
すから，その値はやはり 0 であることがわかります．リーマンは s_3
が2個よりも多くの閉曲線に分れる場合についてもこんなふうに論
証し，s_3 に沿う積分は 0 になることを説明しています．これで O_0 か
ら O に向う線に沿う積分は，どのような線を描いてもつねに同一の
値を取ることが明らかになりました．

単連結とは限らないリーマン面上の積分

今度は単連結と限定せずに，任意のリーマン面 T を取り上げてみます．X と Y は T 上の関数で，多少の不連続性は許容することにして，一般に等式

$$\frac{\partial X}{\partial x} + \frac{\partial Y}{\partial y} = 0$$

が成立するものとします．X, Y の不連続点は存在するかもしれませんが，その場合にはまずはじめに T からそれらの不連続点をすべて取り除くと，残存する面の内部に位置するどのような面分に対しても，等式

$$\int \left(Y \frac{\partial x}{\partial s} - X \frac{\partial y}{\partial s} \right) ds = 0$$

が成立します．

T から X, Y の不連続点を除去して残された面を横断線により切り開いて単連結面に変換し，そのようにして得られる単連結面を T^* と表記します．T^* は単連結ですから，既述の考察が適用されます．これを再現すると，T^* の内部において，ある点 O_0 から他の点 O に向けてどのような線を引いても，その線に沿う積分

$$\int \left(Y \frac{\partial x}{\partial s} - X \frac{\partial y}{\partial s} \right) ds$$

はつねに同一の値をとります．そこでその値を，

$$\int_{O_0}^{O} \left(Y \frac{\partial x}{\partial s} - X \frac{\partial y}{\partial s} \right) ds$$

というふうに簡略に表記することにします．

O_0 は固定点，O は変動する点と見ることにすると，この積分の値は O の位置のみにより確定します．それゆえ，x, y の関数とみなすことができますから，それを

$$Z = \int_{O_0}^{O} \left(Y \frac{\partial x}{\partial s} - X \frac{\partial y}{\partial s} \right) ds$$

と表すことにします．Z は T^* においていたるところで連続な x, y の関数です．T 上に描かれている横断線をこえると，この関数の値はある一定量だけ変化しますが，その横断線の一方の端点から他方の端点にいたる横断線上のどの地点でこえても，変化する量は同一です．

関数 Z の x, y に関する偏微分商は，

$$\frac{\partial Z}{\partial x} = Y, \quad \frac{\partial Z}{\partial y} = X$$

というふうに算出されます．

横断線をこえるときの Z の変分

T^* 上の点が横断線をこえるとき，関数 Z の値は一定の変化を受けますが，これに関連して，リーマンの全集には論文の末尾に註釈が添えられていますので，参照したいと思います．

図 3 に描かれているリーマン面 T は 3 重連結で，2 本の横断線 $q_1 : (ab)$ と $q_2 : (cd)$ が描かれています．T を q_1, q_2 に沿って切り開くと単連結なリーマン面 T^* が生成されます．T^* 上で関数

$$Z = \int_{O_0}^{O} \left(Y \frac{\partial x}{\partial s} - X \frac{\partial y}{\partial s} \right) ds$$

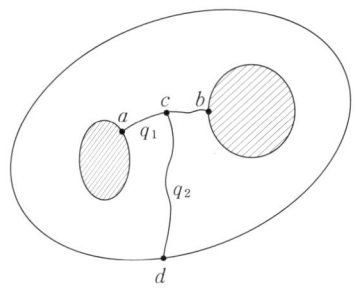

図 3

を考えて，この関数の横断線に沿う値の変分，言い換えると，値の落差がどのように現れるのかということを観察したいのですが，3通りの場合を区別する必要があります．線 (ac) に沿って発生する変分を A，線 (cb) に沿って発生する変分を B，線 (cd) に沿って発生する変分を C で表します．そこで，まず (cd) に沿って進むと，この線の両側での関数 Z の落差 C は何らかの値をもちます．続いて (bc) に沿って歩を進めると，この線の両側での Z の落差 B は何かしら他の値をもつことになります．ところが，このようにして C と B の値が確定すると，(ac) の両側での Z の落差 A は B と C により完全に定められてしまいます．実際，落差を指定する際に正負の符号のつけ方に留意しなければなりませんが，適切に定めておくと，$A = B + C$ となります．

この例では二つの値 C と B は独立に定められ，両者の間に依存関係は認められませんが，A は独立ではなく，B と C により定められてしまいます．2本の横断線に対応して独立な落差が2個存在します．一般の場合にも同様の状況が出現するというのが，リーマンの指摘です．横断線の本数に等しい個数の独立の落差が存在し，関数 Z が横断線をこえるときの落差はそれらの独立の落差によって定められてしまうということになります．

調和関数

リーマンは新たに二つの関数 u, u' を導入し，関数 X, Y として，

$$X = u \frac{\partial u'}{\partial x} - u' \frac{\partial u}{\partial x},$$

$$Y = u \frac{\partial u'}{\partial y} - u' \frac{\partial u}{\partial y},$$

という，特別の形のものを採用しました．微分計算を進めると，

$$\frac{\partial X}{\partial x} = \frac{\partial u}{\partial x}\frac{\partial u'}{\partial x} + u\frac{\partial^2 u'}{\partial x^2} - \left(\frac{\partial u'}{\partial x}\frac{\partial u}{\partial x} + u'\frac{\partial^2 u}{\partial x^2}\right)$$

$$= u\frac{\partial^2 u'}{\partial x^2} - u'\frac{\partial^2 u}{\partial x^2},$$

$$\frac{\partial Y}{\partial y} = \frac{\partial u}{\partial y}\frac{\partial u'}{\partial y} + u\frac{\partial^2 u'}{\partial y^2} - \left(\frac{\partial u'}{\partial y}\frac{\partial u}{\partial y} + u'\frac{\partial^2 u}{\partial y^2}\right)$$

$$= u\frac{\partial^2 u'}{\partial y^2} - u'\frac{\partial^2 u}{\partial y^2}.$$

それゆえ，

$$\frac{\partial X}{\partial x} + \frac{\partial Y}{\partial y} = u\left(\frac{\partial^2 u'}{\partial x^2} + \frac{\partial^2 u'}{\partial y^2}\right) - u'\left(\frac{\partial^2 u}{\partial x^2} + \frac{\partial^2 u}{\partial y^2}\right)$$

となります．したがって，もし関数 u, u' が方程式

$$\frac{\partial^2 u}{\partial x^2} + \frac{\partial^2 u}{\partial y^2} = 0, \quad \frac{\partial^2 u'}{\partial x^2} + \frac{\partial^2 u'}{\partial y^2} = 0$$

を満たすなら，言い換えると，u, u' が調和関数なら，等式

$$\frac{\partial X}{\partial x} + \frac{\partial Y}{\partial y} = 0$$

が成立します．したがって，積分

$$\int \left(X\frac{\partial x}{\partial p} + Y\frac{\partial y}{\partial p}\right)ds$$

に対して既述の諸定理を適用することができるようになります．

　積分の形を変えると，

$$X\frac{\partial x}{\partial p} + Y\frac{\partial y}{\partial p} = \left(u\frac{\partial u'}{\partial x} - u'\frac{\partial u}{\partial x}\right)\frac{\partial x}{\partial p} + \left(u\frac{\partial u'}{\partial y} - u'\frac{\partial u}{\partial y}\right)\frac{\partial y}{\partial p}$$

$$= \left(u\frac{\partial u'}{\partial p} - u'\frac{\partial u}{\partial p}\right) + \left(u\frac{\partial u'}{\partial p} - u'\frac{\partial u}{\partial p}\right)$$

$$= 2\left(u\frac{\partial u'}{\partial p} - u'\frac{\partial u}{\partial p}\right)$$

となりますから，積分

$$\int \left(u\frac{\partial u'}{\partial p} - u'\frac{\partial u}{\partial p}\right)ds$$

を考えるのと同じことになります．

　ここで関数 u に条件を課して，u と u の1階微分商 $\dfrac{\partial u}{\partial x}$, $\dfrac{\partial u}{\partial y}$ はど

れも線に沿う不連続性をもたないものとします．不連続点は存在す

るとして，ある不連続点に着目し，その点から不定点 O までの距離を ρ で表します．ρ **が限りなく小さくなるとき，** $\rho\dfrac{\partial u}{\partial x}$ **と** $\rho\dfrac{\partial u}{\partial y}$ **もまた** ρ **とともに限りなく小さくなるとするなら，** u **の不連続点について考慮する必要はありません．** 不連続点でありながら考慮する必要がないというのは不可解な印象もありますが，見かけの不連続性というか，不連続点と見られた点において関数の値を適切に定めれば不連続性は消失するということが，ここで語られています．「除去可能な特異点」という言葉もあてはまります．

見かけの不連続性を除去する

見かけの不連続性を除去しようとするリーマンの言明を確認します．指定された不連続点からのびていく直線上で ρ の値 R を適当に選定すると，R より小さい ρ に対して

$$\rho\frac{\partial u}{\partial \rho} = \rho\frac{\partial u}{\partial x}\frac{\partial x}{\partial \rho} + \rho\frac{\partial u}{\partial y}\frac{\partial y}{\partial \rho}$$

はつねに有限にとどまります．この直線上で，$\rho = R$ に対応する u の値を U とし，$\rho = 0$ から $\rho = R$ までの区間における関数 $\rho\dfrac{\partial u}{\partial \rho}$ の最大値を M で表します．ここで，リーマンは「符号は無視するときの最大値」と言い表していますので，今日の語法でいう絶対値のことになります．

このように諸記号を定めると，不等式

$$-M < \rho\frac{\partial u}{\partial \rho} < M$$

が成立します．これより

$$-\frac{M}{\rho} < \frac{\partial u}{\partial \rho} < \frac{M}{\rho}.$$

積分に移行すると，

$$-\int_\rho^R \frac{M}{\rho}\,d\rho < \int_\rho^R \frac{\partial u}{\partial \rho}\,d\rho < \int_\rho^R \frac{M}{\rho}\,d\rho.$$

積分値を求めると，

$$-M(\log R-\log\rho) < U-u < M(\log R-\log\rho)$$

となりますが，リーマンはこれを

$$u-U < M(\log\rho-\log R)$$

と表記しました.

　ρ を乗じると，$\rho(u-U) < M\rho(\log\rho-\log R)$ となりますが，ρ が限りなく小さくなるとき，右辺の $\rho\log\rho$ は限りなく小さくなります．この点に留意すると，左辺の $\rho(u-U)$ もまた ρ とともに限りなく小さくなることがわかり，そのことからまた ρu も同様であることが判明します．$\rho\dfrac{\partial u}{\partial x}$ と $\rho\dfrac{\partial u}{\partial y}$ についても同様の現象が観察されると仮定されています．それゆえ，もうひとつの関数 u' は不連続性を示さないとすると，

$$\rho\left(u\frac{\partial u'}{\partial x}-u'\frac{\partial u}{\partial x}\right) \text{ と } \rho\left(u\frac{\partial u'}{\partial y}-u'\frac{\partial u}{\partial y}\right)$$

もまた ρ とともに限りなく小さくなります．ここではこの二つの関数を ρX と ρY と見て計算を進めてきましたから，既述の命題により，不連続点を覆う面分の全境界にわたる積分

$$\int\left(X\frac{\partial x}{\partial p}+Y\frac{\partial y}{\partial p}\right)ds$$

の値は 0 になります.

関数 $\log r$

　ここまでのところで議論はひとまず一段落として，リーマン面 T がいたるところで単純に複素平面 A 上に広がっているという状況を想定してみます．T 上に定点 O_0 を任意に指定し，この点において u, x, y は値 u_0, x_0, y_0 を取るとします．量

$$\frac{1}{2}\log((x-x_0)^2+(y-y_0)^2)=\log r$$

を x,y の関数と見ると，この関数は微分方程式

$$\frac{\partial^2\log r}{\partial x^2}+\frac{\partial^2\log r}{\partial y^2}=0$$

を満たします．実際，計算を進めると，

$$\frac{\partial\log r}{\partial x}=\frac{x-x_0}{(x-x_0)^2+(y-y_0)^2},$$

$$\frac{\partial\log r}{\partial y}=\frac{y-y_0}{(y-y_0)^2+(y-y_0)^2}$$

$$\frac{\partial^2\log r}{\partial x^2}=\frac{1}{(x-x_0)^2+(y-y_0)^2}-\frac{2(x-x_0)^2}{\{(x-x_0)^2+(y-y_0)^2\}^2},$$

$$\frac{\partial^2\log r}{\partial y^2}=\frac{1}{(x-x_0)^2+(y-y_0)^2}-\frac{2(y-y_0)^2}{\{(x-x_0)^2+(y-y_0)^2\}^2}$$

加えると，

$$\frac{\partial^2\log r}{\partial x^2}+\frac{\partial^2\log r}{\partial y^2}=\frac{2}{(x-x_0)^2+(y-y_0)^2}-\frac{2\{(x-x_0)^2+(y-y_0)^2\}}{\{(x-x_0)^2+(y-y_0)^2\}^2}$$

$$=\cdots\cdots=0.$$

これで確かめられました．

関数 $\log r$ は $x=x_0$, $y=y_0$ においてのみ不連続性を示しますから，これをリーマン面 T 上の関数と見ると，不連続性を示すのは定点 O_0 においてのみです．それゆえ，既述の命題により，T の全境界に沿う積分

$$\int\left(u\frac{\partial\log r}{\partial p}-\log r\frac{\partial u}{\partial p}\right)ds$$

は，この積分を点 O_0 を取り囲む任意の閉曲線に沿って行う場合と同一になります．そこで，特に O_0 を中心とする円周を選定します．その円周上の一点を指定し，その点から出発して円周に沿って円弧を描きながら一定の方向(たとえば時計の針と反対の向き)に進むという状況を考えます(図4).

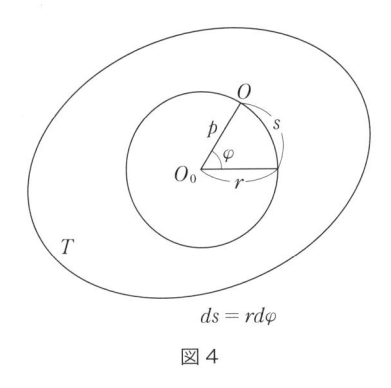

$$ds = rd\varphi$$

図 4

円弧に対応する角度を φ で表すと，この円の線素 ds は $rd\varphi$ で表されます．また，この円周上では r は一定値を保ち続けますから，上記の積分はこの円周上では

$$-\int_0^{2\pi} u\frac{\partial \log r}{\partial r} rd\varphi - \log r \int \frac{\partial u}{\partial p} ds$$

と表示されます．

　第 1 の積分について．円周上の点における法線 p の方向と半径 r が逆向きになっています．$\dfrac{\partial \log r}{\partial r} = \dfrac{1}{r}$ と計算して，

$$-\int_0^{2\pi} u\frac{\partial \log r}{\partial r} rd\varphi = -\int_0^{2\pi} ud\varphi$$

と表示されます．関数 u が点 O_0 において連続なら，O_0 における u の値 u_0 を用いて，限りなく小さい r に対して，

$$-\int_0^{2\pi} ud\varphi = -u_0 \times 2\pi$$

となります．

　第 2 の積分について．前に，連続関数 u' を取るとき，不連続点を覆う面分の全境界にわたる積分

$$\int \left(u\frac{\partial u'}{\partial p} - u'\frac{\partial u}{\partial p}\right)ds$$

の値は 0 になることを確認しました．そこで $u' = 1$ を採用すると，

$$\int \frac{\partial u}{\partial p}\,ds = 0$$

が導かれます．これで第 2 の積分は消失することがわかりました．

　以上の計算の結果を集めると，等式

$$u_0 = \frac{1}{2\pi}\int \left(\log r\,\frac{\partial u}{\partial p} - u\,\frac{\partial \log r}{\partial p}\right)ds$$

が得られます．ここで，関数 u は点 O_0 において連続として，u_0 は u の O_0 における値を表しています．右辺の積分は T の全境界に沿う積分ですが，この積分を O_0 を中心として描かれた円周に沿って遂行すると，

$$\frac{1}{2\pi}\int_0^{2\pi} u\,d\varphi$$

となります．

　次に挙げる定理は前者の等式の帰結です．

定理　リーマン面 T は複素平面 A をいたるところで単純に覆うとする．関数 u は T の内部において一般に微分方程式

$$\frac{\partial^2 u}{\partial x^2} + \frac{\partial^2 u}{\partial y^2} = 0$$

を満たすとし，しかも，

1) この微分方程式が満たされない点が面分を作ることはない．

2) $u, \frac{\partial u}{\partial x}, \frac{\partial u}{\partial y}$ が不連続性を示す点が連なって線分を作ることはない．

3) 各々の不連続点に対し，その不連続点から T の点 O までの距離 ρ が限りなく小さくなるとき，量 $\rho\frac{\partial u}{\partial x}$, $\rho\frac{\partial u}{\partial y}$ の大きさもまた限りなく小さくなる．

4) 個々の点において u の値を変更することにより除去可能な不連続性は取り除く．

このようにしておくとき，u とそのすべての微分商は T の内部のあらゆる点において有限で，しかも連続である．

これを確認します．点 O_0 を動く点と見ると，表示式

$$\int \left(\log r \frac{\partial u}{\partial p} - u \frac{\partial \log r}{\partial p} \right) ds$$

において，変化するのは $\log r$, $\dfrac{\partial \log r}{\partial x}$, $\dfrac{\partial \log r}{\partial y}$ のみです．これらの量は，境界を作る各々の部分に対し，点 O_0 が T の内部にとどまるかぎり，すべての微分商ともども x_0, y_0 の有限な連続関数です．というのは，それらの微分商はこれらの 3 個の量の有理分数関数の形に表され，しかもそれらの分母には r の冪だけしか含まれていないからです(計算を遂行して確かめられます)．

　T の境界を作る各々の部分に対してこのようなことが成立しますから，境界の全域に沿う積分に対しても同じ状況が観察されます．その結果，関数 u_0 に対しても同様であることになります．なぜなら，u_0 が上記の積分の値と異なる値をもちうるのは個々の不連続点においてのみですが，定理の前提 4) により，そのような値の食い違いは修正されてすでに取り除かれているからです．

第7章　非本質的特異点 (極) と 本質的特異点 (真性特異点)

リーマン面上の調和関数 (1)

　前章の末尾で提示された「定理」(95 頁参照) を回想すると，複素平面 A をいたるところで単純に覆うリーマン面 T と，T の内部において一般に微分方程式

$$\frac{\partial^2 u}{\partial x^2} + \frac{\partial^2 u}{\partial y^2} = 0$$

を満たす関数 u が考えられていました．この微分方程式を満たす関数は**調和関数**と呼ばれていますが，リーマンはこの呼称を採用していません．u には下記の 4 条件が課されています．

1) この微分方程式が満たされない点が面分を作ることはない．

2) $u, \dfrac{\partial u}{\partial x}, \dfrac{\partial u}{\partial y}$ が不連続性を示す点が連なって線分を作ることはない．

3) 各々の不連続点に対し，その不連続点から T の点 O までの距離 ρ が限りなく小さくなるとき，量 $\rho\dfrac{\partial u}{\partial x}, \rho\dfrac{\partial u}{\partial y}$ の大きさもまた限りなく小さくなる．

4) 個々の不連続点において u の値を変更することにより除去可能な不連続性は取り除く．

　このようにしておくとき，u とそのすべての微分商は T の内部の
あらゆる点において有限で，しかも連続であるというのが，「定理」で
主張されていたことでした．

　リーマンはリーマン面 T と関数 u に対して，この「定理」で課され
た諸条件は維持されているものとして議論を進め，三つの定理を挙
げました．第 1 の定理は次のとおりです．

> Ⅰ．ある線に沿って $u = 0$ かつ $\dfrac{\partial u}{\partial p} = 0$ となるということが見ら
> れるなら，u はいたるところで 0 となる．

　ある線 λ に沿って $u = 0$ かつ $\dfrac{\partial u}{\partial p} = 0$ となるという現象が観察され
るとするとき，そのような線 λ がある面分 a の境界の一部分になっ
て，しかも u は a において正になるという事態はありえません．リ
ーマンはまずはじめにこの事実を示しました．

　リーマンの論証をたどってみます．ここで語られているようなこと
が起っているとします．面分 a の外側に点 O_0 を取り，O_0 を中心と
して a と交叉するように円を描きます（下図）．

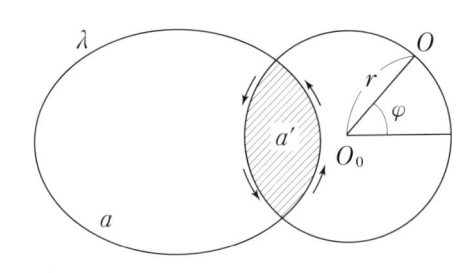

　するとこの円は a の一部分 a' を切り取ることになりますが，a' の境
界は λ の一部分と円弧によって構成されています．点 O_0 に関する点
O の極座標を r, φ で表します．a' の全境界に沿って積分を遂行する
と，点 O_0 は a の内部にありませんから，等式

$$\int \log r \frac{\partial u}{\partial p} ds - \int u \frac{\partial \log r}{\partial p} ds = 0$$

が成立します．仮定により，a' の境界のうち，線 λ の一部分の上では $u = 0$ かつ $\frac{\partial u}{\partial p} = 0$ となるのですから，この等式の左辺の積分のうち，λ の一部分に沿う部分は消失し，円弧に沿う積分のみが残されます．円弧上では $\log r$ は一定値を保持します．また，法線 p と半径 r は向きが逆なので，$\frac{\partial \log r}{\partial p} ds = -\frac{\partial \log r}{\partial r} ds = -\frac{ds}{r} = -d\varphi$. それゆえ，上記の等式は

$$\int u d\varphi + \log r \int \frac{\partial u}{\partial p} ds = 0$$

という形になります．ここでさらに，前章で見たように，

$$\int \frac{\partial u}{\partial p} ds = 0$$

となりますから，等式

$$\int u d\varphi = 0$$

が成立することになります．この積分は a' の境界の一部分を作る円弧に沿って行われます．ところが，その円弧は面分 a 内を通過し，関数 u は a の内部で正の値を取ると仮定されているのですから，ここにおいて相容れない状況に逢着しました．これで示すべき事実が確認されました．

同様にして示されることですが，ある面分 b の内部で u が負となって，しかも b の境界線に沿って $u = 0$ かつ $\frac{\partial u}{\partial p} = 0$ となるということはありえません．

リーマンは以上の確認事項を踏まえて，定理 I の証明に進みました．リーマン面 T 上に描かれたある線 λ に沿って $u = 0$ かつ $\frac{\partial u}{\partial p} = 0$ となるとともに，T のある部分において u は 0 と異なる値をとるという現象が観察されたとしてみます．この場合，次のよう

な T の面分 σ が存在することがわかります．すなわち，u は σ においていたるところで正となるか，あるいはいたるところで負になります．また，σ の境界を見ると，λ それ自身が σ の境界の一部になっている，あるいはまた u が 0 となる点の作る面分の境界が σ の境界の一部になっています．いずれにしても，σ の境界は u と $\frac{\partial u}{\partial p}$ がともに 0 となる点の作る線で作られていることになり，先ほど起りえないこととして排除された状況が現れています．これで定理 I の証明が完結しました．

リーマン面上の調和関数 (2)

リーマン面上の調和関数に対して，リーマンが挙げた第 2 の定理は次のとおりです．

II. u と $\frac{\partial u}{\partial p}$ の値がある線に沿って与えられたなら，u は T のあらゆる部分において確定する．

これを確認するために，u_1 と u_2 は u に課されたものと同じ諸条件を満たす関数としてみます．このとき，差 $u_1 - u_2$ に対しても同じ諸条件が満たされます．今，u_1 と u_2 はある線に沿って一致し，しかもそれらの p に関する 1 階微分商もまた同じ線に沿って一致するけれども，ある面分が存在して，そこではこの一致は破綻するとしてみます．このとき，指示された線に沿って $u_1 - u_2 = 0$ および $\frac{\partial(u_1 - u_2)}{\partial p} = 0$ となりますが，T においていたるところで $u_1 - u_2 = 0$ となるわけではないことになります．ところがこれは定理 I に反しています．これで定理 II が証明されました．

リーマン面上の調和関数 (3)

　第 3 の定理は次のとおりです.

Ⅲ. u がいたるところで一定値をとるということはないとする. このとき, T の内部の点で, u がそこである定値をとるものを集めると, 必然的に線が描かれる. その線により, u がその定値より大きい値をとる点が作る面分と, u がその定値より小さい値をとる点が作る面分が切り離される.

　この定理では, 次に挙げる事柄が語られています.

　　u が T の内部のある点において極小値や極大値をとるということとはありえない.

　　u が T のある部分においてのみ, 一定値をとるということはありえない.

　たとえば, u は T の点 O_0 において極小値 a をとるとしてみます. O_0 を中心として小さな円 C を描き, O_0 に関する極座標 r, φ を定め, 円 C に沿う積分を遂行すると, 前に証明した等式

$$u_0 = \frac{1}{2\pi} \int_0^{2\pi} u d\varphi$$

が成立します(第 6 章, 94 頁参照). これを書き直すと,

$$\int_0^{2\pi} (u - u_0) d\varphi = 0$$

となります. ここで, u_0 は点 O_0 における u の値を表します. 言い換えると, $u_0 = a$ となります. ところが, u は円 C 上で a より大きい値をもちますから, 左辺の積分において $u - u_0$ は正であり, 積分値もまた正になります. これはありえないことですから, これで u

は極小値をとりえないことが確かめられました．同様の論証により，u は極大値をとりえないこともわかります．

　u がある定値をとる点を集めるとき，T 内の広がりのある部分が形成されることがありえないことも，同様にして明らかになります．

リーマン面上の「関数」に返る

　リーマンの論文は全体で 22 個の節に区分けされていますが，ここまでのところで第 11 節まで進みました．リーマンは複素変化量の関数の概念規定から説き起こし，リーマン面の概念を導入し，リーマン面の連結度を語り，それからリーマン面上の調和関数の考察へと及びました．そうして第 12 節は「複素変化量 $w = u + vi$ の考察に立ち返ろう」という言葉とともに始まります．ここにいたるまでの流れを回想すると，リーマン面 T は複素変化量 $z = x + yi$ に対応して定まる複素平面 A 上に広がっていて，$w = u + vi$ は T 上の関数として考えられていたのでした．一般的に言って，この関数は T の各点 O に対して 1 個の定まった値をもち，点 O の位置とともに連続的に変化し，しかも偏微分方程式

$$\frac{\partial u}{\partial x} = \frac{\partial v}{\partial y},\ \frac{\partial u}{\partial y} = -\frac{\partial v}{\partial x}$$

を満たします．このような変化量 w のことを，リーマンは「z の関数」と言い表しました．

　「一般的に言って」という言葉を添えたのはなぜかというと，関数 w に課された連続性と偏微分方程式を満たすという性質には例外を許容するということにしているからで，これらの性質は T 上の孤立した線や点を除外した場所において課されています．ただし，孤立点において値を修正することによって不連続性が除去される場合については，あらかじめそのような修正を行っておくものとします．

　面 T は単連結とし，平面 A の上にいたるところで単葉に広がっているものとします．このような前置きに続いて，リーマンは次の定

理を提示しました.

> **定理** z の関数 w には,線に沿って連続性が中断されるという現象は見られないとする.また,リーマン面 T の任意の点 O' に対し,O' に対応する複素変化量 z を $z=z'$ として,点 O が O' に向って限りなく近づいていくとき,積 $w(z-z')$ の大きさは限りなく小さくなっていくとする.このとき,w は,そのすべての微分商とともに,T の内部のあらゆる点において有限で,しかも連続になる.

この定理を証明します.点 O' に関する極座標を導入して $z-z' = \rho e^{\varphi i}$ と置き,w に課された条件を順次書き出してみます.

条件 1) u と v に対して,偏微分方程式

$$\frac{\partial u}{\partial x} - \frac{\partial v}{\partial y} = 0$$

　　が満たされる.

条件 2) u と v に対して,偏微分方程式

$$\frac{\partial u}{\partial y} + \frac{\partial v}{\partial x} = 0$$

　　が満たされる.

条件 3) u と v がある線に沿って不連続になることはない.

条件 4) 各点 O' に対し,点 O から O' までの距離 ρ とともに,ρu と ρv の大きさは限りなく小さくなる.

条件 5) u と v に対して,いくつかの孤立点における値を修正することにより除去可能な不連続性は取り除かれている.

条件 2), 3), 4) により,リーマン面 T の部分の各々に対し,その

境界全体に沿う積分

$$\int \left(u\frac{\partial x}{\partial s} - v\frac{\partial y}{\partial s} \right) ds$$

は，0 となります（第 6 章参照）．それゆえ，積分

$$\int_{O_0}^{O} \left(u\frac{\partial x}{\partial s} - v\frac{\partial y}{\partial s} \right) ds$$

は，O_0 から O に向って引かれたどのような線に沿っても同一の値をもつことになりますから，O_0 を固定しておくとき，x, y の連続関数を表しています．その関数を U と表記します．一般的に言うと，U の連続性について語る際にはいくつかの孤立点が除外されているのですが，関数 w に課された条件 5) によれば，u, v の不連続点のうち，あらかじめ除去可能とわかっている点では値が修正されて連続性が回復していますので，そのような点でも U は連続です．U の x, y に関する微分商はどうかというと，

$$\frac{\partial U}{\partial x} = u, \ \frac{\partial U}{\partial y} = -v$$

が得られます．

前章の定理を適用する

前章で，リーマン面上の調和関数を対象にしてひとつの定理が提示されました（95 頁参照．本章の冒頭でも再現しました．97-98 頁参照）．

その定理における関数 u として U をとると，まず，

$$\frac{\partial^2 U}{\partial x^2} + \frac{\partial^2 U}{\partial y^2} = \frac{\partial u}{\partial x} - \frac{\partial v}{\partial y} = 0$$

となります（w に課された条件 1)）．次に，$\dfrac{\partial U}{\partial x} = u$ と $\dfrac{\partial U}{\partial y} = -v$ が線に沿って不連続性を示すことはありません（条件 3)）．また，$\rho \dfrac{\partial U}{\partial x} = \rho u$ と $\rho \dfrac{\partial U}{\partial y} = -\rho v$ の大きさは ρ とともに限りなく小さくなります（条件 4)）．これで前章の定理の適用が可能になり，U はそのすべての微分商とともに T のあらゆる点において有限であり，しかも連続です．そして複素関数

$$w = u + vi = \frac{\partial U}{\partial x} - \frac{\partial U}{\partial y} i$$

の z に関する微分商は，

$$\begin{aligned}
\frac{dw}{dz} &= \frac{1}{2}\left(\frac{\partial u}{\partial x} + \frac{\partial v}{\partial y}\right) + \frac{1}{2}\left(\frac{\partial v}{\partial x} - \frac{\partial u}{\partial y}\right)i \\
&= \frac{1}{2}\left(\frac{\partial^2 U}{\partial x^2} - \frac{\partial^2 U}{\partial y^2}\right) + \frac{1}{2}\left(-\frac{\partial^2 U}{\partial x \partial y} - \frac{\partial^2 U}{\partial x \partial y}\right)i \\
&= \frac{1}{2}\left(\frac{\partial^2 U}{\partial x^2} - \frac{\partial^2 U}{\partial y^2}\right) - \frac{\partial^2 U}{\partial x \partial y}i
\end{aligned}$$

と算出されますから，やはり T のあらゆる点において有限かつ連続です．これで定理が証明されました．

リーマン面上の関数の極について

　今度はリーマン面 T の内部に点 O' 定め，点 O が O' に向って限りなく近づいていくとき，積 $(z-z')w = \rho e^{\varphi i} w$ の大きさが限りなく小さくなることはないという場合を考えます．このような場合には，O が O' に向って限りなく近づいていくとき，w は限りなく大きくなることになります．その際，大きくなっていく様子について知りた

いのですが, w が限りなく大きくなっていく様式にもいろいろな状況が考えられます. リーマンは w と $\frac{1}{\rho}$ を比較しています.

　限りなく大きくなる様式を言い表そうとして, リーマンは**位数 (Ordnung)** という言葉を用いています. もう少し言葉を補って, 試みに「無限大の位数」という語法を採用することにすると, $\frac{1}{\rho}$ が限りなく大きくなっていくのにつれて, w もまた限りなく大きくなるというのは, この場合には一般に「無限大の位数」が $\frac{1}{\rho}$ より w のほうが大きいということにほかなりません.

　無限大になるなり方が $\frac{1}{\rho}$ を基準にして考えられています. そこで, ρ が限りなく小さくなるときに $\frac{1}{\rho}$ のように増大していく量を指して, リーマンは「位数 1 の無限大量」と呼んでいます.

　w と $\frac{1}{\rho}$ の「無限大の位数が等しい」こともありえます. その場合, w と $\frac{1}{\rho}$ の商, 言い換えると積 ρw は有限にとどまりますから, さらに ρ を乗じて積 $\rho^2 w$ を作ると, この積は ρ とともに限りなく小さくなります. したがって, 積 $(z-z')^2 w = \rho^2 e^{2\varphi i} w$ は ρ とともに限りなく小さくなっていきます. また, 積 $(z-z')w$ の微分 $d(z-z')w$ と z の微分 dz の比 $\frac{d(z-z')w}{dz}$ は dz に依存せずに確定しますから, この積 $(z-z')w$ はリーマンのいう意味での関数（今日の語法でいう正則関数）です（ここで語られているのは, リーマンの意味での二つの関数の積はやはりリーマンのいう関数になるということです）. それゆえ, 積 $(z-z')w$ に対して前記の定理が適用されて, この積は O' において有限かつ連続であることになります

　こうして確定した正則関数 $(z-z')w$ の O' における値を a_1 と表記して, 関数

$$w - \frac{a_1}{z-z'}$$

を考えると，積

$$(z-z') \times \left(w - \frac{a_1}{z-z'}\right) = (z-z')w - a_1$$

は O が O' に限りなく近づいていくとき，限りなく小さくなることになります．それゆえ，再び前記の定理が適用されて，$w - \dfrac{a_1}{z-z'}$ は O' において有限な連続関数であることがわかります．これで，$\dfrac{1}{\rho}$ と同等の「無限大の位数」をもつ関数 w の O' の周辺での形状が少しわかりました．

　今日の複素変数関数論の語法では，この状況は関数 w は点 O' において「位数1の極」をもつというふうに言い表されますが，「極」という言葉はリーマンの語法には見られません．リーマンはある点に限りなく近づいていくときの挙動に着目し，限りなく大きくなる場合に目をとめてその様式を観察しています．そのような点を関数の特異点と呼ぶことにすると，特異点の近くでの関数の挙動に応じて関数の形を確定しようとするところに，複素変数関数論におけるリーマンの考えが現れています．ただし，特異点という言葉もまたリーマンの語法ではありません．

極の形

　w と $\dfrac{1}{\rho}$ の点 O' における無限大の位数が等しくない場合には，いろいろな状況が起りますが，リーマンは**それぞれの無限大の位数の比が有限にとどまる場合**に限定して考察しています．これを言い換えると，何かしら適当に冪指数 ν を定めるとき，ρ の冪 ρ^ν と w の積 $\rho^\nu w$ の大きさが ρ とともに限りなく小さくなるか，あるいはまた有

限にとどまるかのいずれかという状況が現れるということにほかなりません.

　このように一般的に考えると冪指数 ν は自然数とは限らないことになりますが, ν よりも大きくて, しかも ν にもっとも近い自然数 n をとると, $(z-z')^n w = \rho^n e^{n\varphi i} w$ は ρ とともに限りなく小さくなります. また, $(z-z')^{n-1}$ と w の積 $(z-z')^{n-1}w$ はリーマンのいう関数です. それゆえ, 前記の定理により, 積 $(z-z')^{n-1}w$ は点 O' において有限かつ連続な関数になります. そこでこの関数の O' における値を a_{n-1} で表すと, 差 $(z-z')^{n-1}w - a_{n-1}$ は O' において連続であり, しかも O' において値 0 をもちますから, ρ とともに限りなく小さくなることになります. それゆえ, 再び前記の定理により,

$$(z-z')^{n-2}w - \frac{a_{n-1}}{z-z'}$$

は O' において連続な関数であることが帰結します.

　このような手順を繰り返していくと, 関数 w から

$$\frac{a_1}{z-z'} + \frac{a_2}{(z-z')^2} + \cdots + \frac{a_{n-1}}{(z-z')^{n-1}}$$

という形の式を差し引くことにより, O' において有限かつ連続な関数に変換されることが明らかになります. 今日の複素変数関数論の語法で「極」という名で呼ばれている特異点の近くでの関数の挙動が, こうして把握されました. また, 無限大の位数は実際には自然数であることも明らかになりました.

本質的特異点（真性特異点）

　ここまでのところでは, w と $\dfrac{1}{\rho}$ の点 O' における無限大の位数が等しくない場合の中でも,「それぞれの無限大の位数の比が有限にとど

まる場合」に限定して考察してきましたが，**それぞれの無限大の位数の比が有限にとどまらない場合**もまたありえます．一例として，複素 z 平面上で

$$\varphi(z) = e^{\frac{1}{z}}$$

という関数を取り上げて，z が原点 $z=0$ に限りなく近づいていくときの様子を観察すると，近づき方に応じて $\varphi(z)$ はさまざまな値に向っていきます．たとえば，z 平面上の正の実軸に沿って原点に近づくときは限りなく大きくなりますが，負の実軸に沿って原点に近づくときは限りなく小さくなって 0 に近づいていきますから，この関数については原点における無限大の位数ということが無意味になってしまいます．

原点 $z=0$ は関数 $\varphi(z)$ の特異点ではありますが極ではなく，今日の複素変数関数論でいう**真性特異点**であり，この場合には本当は「無限大の位数」ということをいうのは相応しくありません．リーマンは解析関数の特異点の考察にあたって極と真性特異点を区別しなければならないことを認識し，w と $\dfrac{1}{\rho}$ の「それぞれの無限大の位数の比が有限にとどまる場合」に限定し，後年，「極」という名で呼ばれることになる特異点の周辺での関数の形を書き表したのでした．

「極」と「真性特異点」は今日の語法ですが，それぞれ**非本質的特異点，本質的特異点**という呼称も有力です．リーマン自身は何も呼称を提示していません．

分岐点再論

リーマン面 T は単連結で，複素平面 A 上に単葉に広がっているとしてここまで進めてきましたが，関数の特異点が除去可能か否かを論じたり，極の周辺での関数の形を知ることをめざしたりする場合には，リーマン面にこのような性質を課してもさしつかえありませ

ん．なぜなら，これらの議論は局所的であり，一般的に言うと，リーマン面の各点は単連結で，しかも単葉な面分で取り囲まれているからです．ただし，例外と見なければならない点もまた存在します．それは**分岐点**（Windungspunkt）です．Windung というドイツ語は「屈曲」「蛇行」「旋回」「ねじれ」などという意味の言葉です．

　分岐点の定義は書かれていませんが，リーマンが説明していることそれ自体が分岐点というものの姿を示しています．O' はリーマン面 T の位数 $n-1$ の分岐点とし，この点に対応する z の値を $z=z'=x'+y'i$ と表記します．O' を取り囲む面分を関数

$$\zeta=(z-z')^{\frac{1}{n}}$$

により複素平面 Λ に写します．これを言い換えると，O' の周辺で関数 $\zeta=\xi+\eta i$ を考えるということで，この関数により O' の周辺の点 O は複素平面上の点 Θ に写されるという状況が想定されていて，ξ と η は点 Θ の直交座標にほかなりません．

　関数 ζ を点 O' を取り囲む面分から平面 Λ への写像と見て，この写像により移っていく点を集めると，平面 Λ 上に広がる連結な面分が形成されます．それは分岐点をもたない単葉な面分です．

　リーマンはこの状況を精密に観察しています．複素平面 A において，点 z'（O' は z' の上に浮かんでいます）を中心として半径 R の円 C を描き，x 軸と平行な直径 L を引きます．その直径に沿って，$z-z'$ は実数値を取ります．半径 R を小さく選び，円 C の上方に広がる部分を面 T から切り取ると，いくつかの面分に分れますが，それらの中から点 O' を含むものに着目します．その面分は円 C の直径 L の両側においてそれぞれ n 枚の半円形の面分に分れます．直径 L の両側というのは，一方は $y-y'$ がそこで正である場であり，もう一方は $y-y'$ がそこで負であるような場です．前者の場の上方に広がる n 枚の面分を

$$a_1, a_2, \cdots, a_n$$

で表し，後者の場の上方に広がる n 枚の面分を

$$a'_1, a'_2, \cdots, a'_n$$

で表します．$a_1, a_2, \cdots, a_n$ と $a'_1, a'_2, \cdots, a'_n$ は順次つなぎ合わされて1個の連結な面分を作りますが，その面分上の点 O が分岐点 O' のまわりを適当に定められた向き，たとえば時計の針の進行方向と反対の向きにまわる状況を想定してみます．a_1 上の点から出発して a'_1 に移り，a'_1 から a_2 に移るというふうに移り行き，$a_1, a'_1, a_2, a'_2, \cdots, a_n$ と進んで，それから a'_n を経由して再び a_1 にもどってくるというふうに，実軸をはさんで上下両側の各々の上方に浮かんでいる n 枚ずつの面分に番号をつけて並べておきます．

　全部で $2n$ 枚の半円形の面分が接合されて1個の連結な面分を形作ります．それが分岐点 O' を取り囲む面分です．

第8章　等角写像

分岐点を囲む面の形

　リーマン面の分岐点の観察を続けます．複素平面 A の上方にリーマン面 T が広がっていて，A の点 z' の上方に T の分岐点 O' が浮かんでいるという状況が考えられています．C は z' を中心とする半径 R の円，L は x 軸と平行な C の直径（図1）．C の上方には分岐点 O' を含む連結面分が浮かんでいます（図2）．

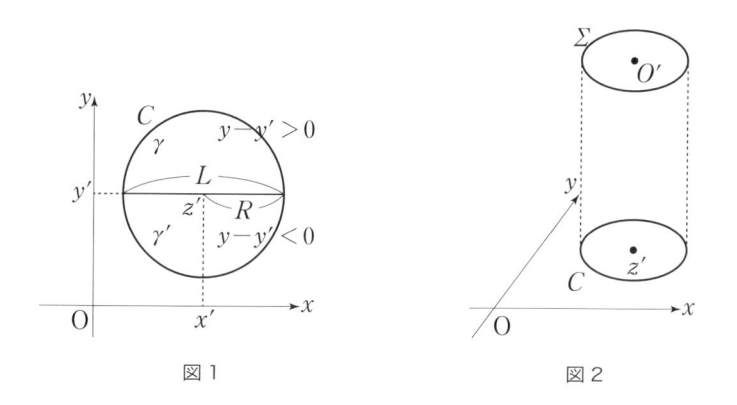

図1　　　　　　図2

　それを Σ という記号で表してみます．円 C を直径 L に沿って切ると二つの半円 γ, γ' に分れます．一方の半円 γ は $y-y'$ が正になる場所に配置され，もう一方の半円 γ' は $y-y'$ が負になる場所に配置されています．それぞれの半円に立って上方を見上げると，同じ半

円形の面分が n 枚ずつ浮かんでいます．γ の上に浮かぶ面分を

$$a_1, a_2, \cdots, a_n$$

とし，γ' の上に浮かぶ面分を

$$a'_1, a'_2, \cdots, a'_n$$

で表します．

面分 Σ において関数

$$\zeta = (z - z')^{\frac{1}{n}}$$

を考えて，この関数により Σ が写っていく先の複素平面を Λ で表し，Λ の点に対応する複素数値を $\xi + \eta i$ で表します．これで面分 Σ から複素平面 Λ への写像が規定されました．Σ を構成する n 枚の面分 $a_1, a_2, \cdots, a_n$ の各々は複素平面 A における半円 γ と同じもので，n 枚の面分 $a'_1, a'_2, \cdots, a'_n$ の各々は半円 γ' と同じものです．それゆえ，これらの $2n$ 枚の面分はすべて平面 A に描かれているものと見てさしつかえありません．

平面 A において極座標 $z - z' = \rho e^{\varphi i}$ を定め，平面 Λ において極座標 $\zeta = \sigma e^{\psi i}$ を定めます．$2n$ 枚の面分 a_i, a'_j $(i, j = 1, 2, \cdots, n)$ を関数 $\zeta = (z - z')^{\frac{1}{n}}$ により順次写していくのですが，まず a_1 の像として，表示式

$$(z - z')^{\frac{1}{n}} = \rho^{\frac{1}{n}} e^{\frac{\varphi i}{n}}$$

において ρ と φ の変域に

$$0 \le \rho \le R, \quad 0 \le \varphi \le \pi$$

という限定を課すときに，この式がとる値が描く図形を採用します．その図形は，

$$0 \le \sigma \le R^{\frac{1}{n}}, \quad 0 \le \psi \le \frac{\pi}{n}$$

という扇形です(図3)．

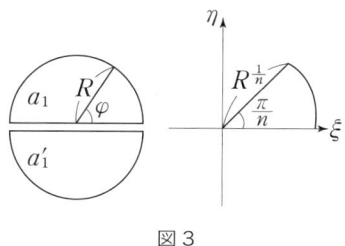

図 3

この手順を続けていくと，面 a_1' の像は $\psi = \frac{\pi}{n}$ から $\psi = \frac{2\pi}{n}$ まで，a_2 に対しては $\psi = \frac{2\pi}{n}$ から $\psi = \frac{3\pi}{n}$ まで，…，最後に a_n' に対しては $\psi = \frac{(2n-1)\pi}{n}$ から $\psi = 2\pi$ までに及ぶ扇形が描かれます．その際，φ はどのように選定するのかというと，順に，面 a_1' に対しては π と 2π の間，面 a_2 に対しては 2π と 3π の間，…，面 a_n' に対しては $(2n-1)\pi$ と $2n\pi$ の間に配置されるように φ の変域が設定されています．

このようにして平面 Λ 上に $2n$ 個の扇形が描かれますが，これらの扇形は $2n$ 個の面 a_i, a_j' $(i, j = 1, 2, \cdots, n)$ が次々と接合していくのと同じ順序で接合し，原点を中心とする半径 $R^{\frac{1}{n}}$ の円板が形成されます．その円板の真上に同じ円板が単純に浮かんでいる状況を心に描き，その浮遊する円板それ自体をリーマン面と思いなすと，それは，T の分岐点 O' を囲む連結な面分 Σ の関数 $\zeta = (z - z')^{\frac{1}{n}}$ による像にほかなりません．この対応により，分岐点を囲む面分 Σ は Λ に描かれた円板上に浮かぶ面と同一視されます．この面を Ω と表記し，Ω の点を一般に文字 Θ で表すことにします．Σ の点 O には Ω のただひとつの点 Θ が対応し，逆に Ω の点 Θ には Σ のただひとつの点 O が対応します．平面 Λ の原点の真上に配置されている Ω の点を Θ' とすると，Σ の分岐点 O' と Ω の点 Θ' が対応します．

分岐点の近傍における関数の挙動について

　リーマン面 T の分岐点 O' を囲む面分 Σ を変域とする変化量 w といえば，Σ の点 O に対してある定まった値をとる変化量のことですが，上記の対応により Σ の点 O と Ω の点 Θ はぴったり対応するのですから，この対応を通じて w の変域を Ω と見ることが可能です．

　w を Σ 上で考えるとき，リーマンのいう意味において z の関数，言い換えると，微分商 $\dfrac{dw}{dz}$ が dz に依存せずに確定するとすれば，w は Ω 上で考えてもやはりリーマンのいう関数，言い換えると，微分商 $\dfrac{dz}{dw}$ は dw に依存せずに確定します．そこで，Σ 上の関数 w を $\zeta = (z-z')^{\frac{1}{n}}$ の関数と見ることにすると，z の関数に対する諸定理は w に対してもそのまま成立し，次のような言明が可能になります．

　　w は z の関数とし，点 O が位数 $n-1$ の分岐点に限りなく近づいていくとき，無限大になるとする．そのとき，その無限大量は，O と O' の距離の，$\dfrac{1}{n}$ のある倍数に等しい冪指数をもつ冪と位数が同一である．その冪指数を $-\dfrac{m}{n}$ とすると，w は

$$\frac{a_1}{(z-z')^{\frac{1}{n}}} + \frac{a_2}{(z-z')^{\frac{2}{n}}} + \cdots + \frac{a_m}{(z-z')^{\frac{m}{n}}}$$

という形の式を付け加えることにより，分岐点 O' において連続な関数に変換される．ここで，$a_1, a_2, \cdots, a_m$ は複素量である．

　リーマンは，この定理から派生する事実をひとつ書き留めています．

　　$(z-z')^{\frac{1}{n}} w$ は，点 O が O' に限りなく近づいていくとき，無限小になるとする．このとき，関数 w は点 O' において連続である．

リーマン面からリーマン面へ

T は複素平面 A 上に広がるリーマン面とし，w は T の各点において定値をもち，しかも「いたるところで一定値をとる」ということのない z の関数とします．単に「z の関数」といえば，つねにリーマンが規定した意味での関数のことです．一般的に考えると，T のここかしこに w の不連続点が分布していることもあります．

この関数がとる値は複素数値ですから，もうひとつの複素平面 B を用意しておくと，z を通じて T の点に対して B の点が対応することになります．これでリーマン面 T から複素平面 B への対応が定まりますが，なお一歩を進めて B 上に広がるリーマン面 S を構成すると，二つのリーマン面 T と S がぴったり対応する状況を思い描くことができるようになります．その際，この対応は関数 z を媒介として定められるのですから，このように見ると，関数というものがいわば幾何学的に表示されたかのような印象があります．

リーマン面 T の点 O における関数 z の値を $w = u + iv$ とすると，この複素数値は複素平面 B の点によって表されます．それは，その直交座標が u, v であるような点ですが，複素数値を幾何学的な平面の点と見るところにはガウスのアイデアが生きて働いています．

I. このようにして定まる点を一般に Q で表して，Q の全体を S で表すと，平面 B 上に広がるリーマン面が生成されます．関数 z は T のいくつもの異なる点 $O, O', O'', \cdots$ において同一の値をとることがありますが，その場合，その同一の値に対応する点を分離して，平面 B の同一の点の上方にいくつもの異なる点 $Q, Q', Q'', \cdots$ が浮かんでいる状況を思い描きます．それらの点が連なって形成されるのがリーマン面 S で，T と S の点は1対1にぴったり対応し，しかも S の点に T の点が対応する仕方には連続性が認められます（w は z の関数ですから，T の点に S の点が連続的に対応するのは当然です）．

S の各々の点 Q に対して T の 1 個の点 O が対応し, Q の連続的な変化に伴って O もまた連続的に変化するというのですが, これを示すには, 一般に次の事実を確認すれば十分です.

z の関数 $w = u + vi$ は, 「いたるところで一定」ではない限り, ある線に沿って一定値をとるということはありえない.

w はある線に沿って定値 $a + bi$ をとるとすると, $u - a$ はその線に沿って 0 になります. また, $\dfrac{\partial(u-a)}{\partial p} = -\dfrac{\partial v}{\partial s}$ となりますから, $\dfrac{\partial(u-a)}{\partial p}$ もまたその線に沿って 0 になることがわかります. これに加えて関数 u はリーマンの意味での関数の実部ですから調和関数, 言い換えると等式

$$\frac{\partial^2(u-a)}{\partial x^2} + \frac{\partial^2(u-a)}{\partial y^2} = 0$$

が成立します. これらの事実から, $u - a$ はいたるところで 0 になることが帰結するのは既述のとおりです (98 頁の定理 I 参照).

$v - b$ についてはどうかというと, u と v はコーシー = リーマンの方程式

$$\frac{\partial u}{\partial x} = \frac{\partial v}{\partial y}, \quad \frac{\partial u}{\partial y} = -\frac{\partial v}{\partial x}$$

で結ばれていますが, u はいたるところで a に等しいのですから $\dfrac{\partial u}{\partial x} = 0,\ \dfrac{\partial u}{\partial y} = 0$. よって $\dfrac{\partial v}{\partial x} = 0,\ \dfrac{\partial v}{\partial y} = 0$ となり, v はいたるところで一定値をとります. ところが, v は線に沿って b に等しいのですから, 実はいたるところで b と等値されます.

これで関数 z はいたるところで定値 $a + bi$ をとることになりましたが, これは z に課された前提条件に反しています.

S はリーマン面であることを確認する

II. 関数 w は「いたるところで一定」ではないことを前提にしたうえで，S の交叉しない二つの部分 δ, δ' に着目し，それらに対応する T の部分をそれぞれ Σ, Σ' としてみます．このとき，Σ と Σ' を連結する線が描けないなら，δ と δ' を結ぶ線を描くこともできません．逆に，Σ と Σ' が，T 内で，w の不連続点を通ることのない線で結ばれるなら，その線に対応する線を S 内に描くと，それにより δ と δ' が結ばれます．

　S の境界には，T の境界と w の不連続点が対応します．S の内部にある部分は，いくつかの孤立点は除外すると，いたるところで平面 B の上に平坦に広がっています．言い換えると，どこかで互いに重なり合う部分に分裂することはなく，折れ曲がることもありません．

　分裂について．T はいたるところで S のつながりに対応するつながりをもちますから，S において分裂が発生するのは T において分裂が発生する場合に限ります．ところが T において分裂が発生することはないのですから，S においても分裂は起こりえません．

　折れ曲がりについて．S の点 Q' に対応する T の点 O' において，$\frac{dw}{dz}$ は有限値，すなわち 0 ではない値をとるとします．まずはじめに，このような点 Q' が S の折り目に配置されるということはありえないことを示します．T の点 O' を，任意の形の不確定な大きさの面分 Σ で囲んでみます．関数 w を対応する点と点の間の写像と見るとき，$\frac{dw}{dz}$ が 0 ではない点では等角性を示しますから，Σ を十分に小さく描くと，対応する S の面分 δ の形とほとんど同一で，高々極小部分の食い違いしかありません．それゆえ，δ の境界は，点 Q' を平面 B に配置して観察するとき，Q' を囲む面分を切り取るように描か

れています．ところが，もし Q' が面 S の折り目に配置されていると
するなら，このようなことはありえません．

　次に，$\dfrac{dw}{dz}$ は 0 になることも無限大になることもありますが，前
者の場合が起りうるのは孤立点においてのみですし，後者の場合は
分岐点においてのみ起りえます．いずれの場合にも，対応する点が
S の折り目に配置されるということはありえません．

　これで S には分裂も折れ曲がりも見られないことがわかりました
ので，リーマン面と呼ばれる資格が備わっています．関数 w により
T の各々の点に対して S の 1 個の点が対応しますが，この対応の向
きを逆にすると，S の各々の点 Q に対して T の点が対応します．T
の点は複素平面 A の点 z の上に浮かんでいますが，その z を Q に対
応させることにより S 上の関数 z が定まります．この関数は Q の位
置とともに連続的に変動し，しかも微分商 $\dfrac{dz}{dw}$ は Q の位置の変化の
向きに依存せずに確定します．それゆえ，z はリーマンのいう意味で
の関数です．

写像の等角性

　面 T の 2 点 O, O' に対してそれぞれ面 S の 2 点 Q, Q' が対応する
とします．O, O' はそれぞれ平面 A の点 z, z' の上に浮かび，Q, Q' は
それぞれ平面 B の点 w, w' の上に浮かんでいるとすると，O, O' がい
ずれも分岐点でなければ，O が O' に限りなく近づいていくとき，商
$\dfrac{w-w'}{z-z'}$ はある有限確定値に近づきます．T 上の関数 w は T から S
への写像を引き起こし，しかもそれは等角写像であることが，こう
して明示されました．

　O' と Q' が分岐点のこともあります．その場合，分岐の位数をそ
れぞれ $m-1, n-1$ とすると，商

$$\frac{(w-w')^{\frac{1}{n}}}{(z-z')^{\frac{1}{m}}}$$

は,O が O' に限りなく近づいていくとき,ある有限確定値に近づきます.分岐点 O' を囲む面分から分岐点 Q' を囲む面分への写像の様式については既述のとおりです.

ディリクレの原理

学位論文の第 16 節は「定理」から始まります.

> **定理** α と β は x, y の何かある関数とし,それらに対し,平面 A 上に広がるリーマン面 T の全域にわたる積分
>
> $$\int\left[\left(\frac{\partial \alpha}{\partial x}-\frac{\partial \beta}{\partial y}\right)^2+\left(\frac{\partial \alpha}{\partial y}+\frac{\partial \beta}{\partial x}\right)^2\right]dT$$
>
> は有限値をもつとする.このとき,連続もしくは高々孤立点においてのみ不連続になるにすぎない関数で,T の境界では 0 となるものを用いて α を変化させていくと,この積分はつねに,そのような関数のうちのひとつに対して極小値(ein Minimumwerth)をもつ.孤立点において値を修正することにより除去可能な不連続性は排除することにすれば,極小値を与える関数はただひとつに確定する.

ここに現れた積分を指して,**ディリクレ積分**と呼ぶことにします.この言葉はリーマンの学位論文には見られませんが,リーマンの論文「アーベル関数の理論」(1857 年)を構成する 4 論文(第 10 章参照)のうちの第 3 論文

「1 個の複素変化量の関数の,境界条件と不連続性条件による決定」

を参照すると，これに関連してディリクレの名が登場します．

> 超越関数の研究の基礎として，何よりもまず超越関数を決定する
> のに十分な，相互に独立な一系の諸条件を提示する必要があ
> る．この要請に応えるために，多くの場合，わけても代数関数
> の積分とその逆関数の場合に対しては，**ある原理**を用いることが
> できる．それはディリクレが ――たぶん，ガウスの類似のアイデ
> アに誘われて―― 距離の平方の逆数に比例して作用する力に関す
> る講義の中で，ラプラスの偏微分方程式を満たす 3 個の変化量
> の関数を対象にして上記の問題を解決するために，長い年月にわ
> たって常々表明してきた原理である．

　ディリクレの講義で語られた「ある原理」を指して，「ディリクレの
原理」と呼ぶ流儀が定着しています．1846 年にゲッチンゲン大学に入
学したリーマンはベルリン大学に移り，ディリクレの講義を聴講し
て示唆を受けたのですが，その時期は 1847 年から翌 1848 年にかけ
てのことでした．それから 1849 年にゲッチンゲンにもどり，学位論
文を執筆するという経緯をたどりました．「ガウスの類似のアイデア」
はガウスの論文「距離の平方の逆数に比例して働く引力と反発力に関
する一般的諸定理」（ガウス全集，第 5 巻，197–242 頁所収）に見ら
れます．
　リーマンの言葉が続きます．

> ところが，超越関数の理論への応用の際にはあるひとつの場合が
> 特別に重要になるが，そのような場合に対しては，この原理をディ
> ィリクレの講義に見られるような，きわめて単純な形で適用する
> ことはできないのである．また，ディリクレの講義では，完全に
> 二次的な意味しかもたないと見て，その場合を考慮に入れずにす
> ませてしまうことも可能である．それは，**関数の決定が行われる
> べき領域のいくつかの特定の点において，あらかじめ指定された
> 不連続性を受け入れなければならない**という場合である．ここで

語られている状勢はこんなふうに諒解するのが至当である．すなわち，この関数はそのような各点において，その点において与えられたある不連続関数と同じ様式で不連続になる．言い換えると，そのような不連続関数と比較すると，その点で連続な何らかの関数だけの食い違いしか見られないという条件に束縛されるのである．

「その点において与えられたある不連続関数と同じ様式で不連続になる」関数の発見をめざして，ディリクレの原理を適用するという方針がはっきりと語られています．ただし，「単純な形で適用することはできない」と，適用の仕方に工夫を要することも同時に明記されました．

関数の作る閉じた連結域

λ は T 上で連続であるか，あるいは不連続点が存在するとしてもそれらは高々孤立点のみであるような関数とします．しかも T の境界上で 0 になり，さらに T の全域にわたる積分

$$L = \int \left(\left(\frac{\partial \lambda}{\partial x} \right)^2 + \left(\frac{\partial \lambda}{\partial y} \right)^2 \right) dT$$

は有限値をとるものとします．このような関数 λ を提示された関数 α に加えて $\alpha + \lambda$ という形の関数を作るのですが，この形の関数を一般に ω と表記することにします．ディリクレ積分において α を ω に置き換えて得られる積分を Ω で表します．すなわち，

$$\Omega = \int \left[\left(\frac{\partial \omega}{\partial x} - \frac{\partial \beta}{\partial y} \right)^2 + \left(\frac{\partial \omega}{\partial y} + \frac{\partial \beta}{\partial x} \right)^2 \right] dT$$

とします．

積分 Ω において関数 ω を取り換えていくと，それに伴って積分の値も変化しますが，そのようにして生じるさまざまな数値の中に極小値が存在するというのがリーマンの主張です．ω を取り換えるとい

うのはλを変化させていくということと同じですが，では関数λは
どのような場において変化するのでしょうか．ここに根源的な問題
がひそんでいます．

　関数λの全体は**閉じた連結域**(ein zusammenhängendes in sich
abgeschlossenes Gebiete)を作る，とリーマンは指摘しました．この
言明の根拠も記されていますが，λの全体を試みにHと表記して，
リーマンの言葉をたどってみたいと思います．Hに所属する関数を
二つとり，それらをλ, λ₁とするとき，まずλはλ₁に連続的に移って
いきます．ある関数が他の関数に向って連続的に移行するという場
合，「連続的に」のひとことが明るい輝きを帯びてきます．この移行の
途次，ある線に沿って不連続で無限大になる関数に近づくことはな
いともリーマンは言っています．これを言い変えると，この移行は
関数の集合Hの中で行われるということにほかなりません．これに
加えて，移行の途中で積分Lの値が無限大になってしまうというこ
ともありません．

　これらの論点については第17節で再び取り上げられますが，とも
あれ各々のλに対してΩにおいて$\omega = \alpha + \lambda$と置くと，Ωはある有限
値をとります．その値はλの形とともに連続的に変化しますが，決
して0以下になることはありません．このような状勢観察から，**Ω
は関数ωの少なくともひとつの形に対して極小**(ein Minimum)**にな
る**という帰結を，リーマンはごくあたりまえのことのように取り出し
ました．

第9章 解析関数を作る

ヴァイエルシュトラスの指摘をめぐって

前章で，リーマン面 T は平面 A 上に広がっているとして，リーマンとともに T 上の積分

$$\int\left[\left(\frac{\partial\alpha}{\partial x}-\frac{\partial\beta}{\partial y}\right)^2+\left(\frac{\partial\alpha}{\partial y}+\frac{\partial\beta}{\partial x}\right)^2\right]dT$$

を考えました．この積分において α のところに関数 $\omega=\alpha+\lambda$ を代入して新たな積分

$$\Omega=\int\left[\left(\frac{\partial\omega}{\partial x}-\frac{\partial\beta}{\partial y}\right)^2+\left(\frac{\partial\omega}{\partial y}+\frac{\partial\beta}{\partial x}\right)^2\right]dT$$

を作り，λ をさまざまに取り替えてこの積分の値の変化を観察すると，ただひとつの ω に対して極小値をとるというのがリーマンの主張です．

少なくともひとつは必ず存在するということの証明まで進みましたが，リーマンの論証は十分ではないことをヴァイエルシュトラスが指摘するという一幕もありました．数学史上に名高いエピソードです．積分 Ω はつねに正の値をとりますから下限が存在するのはまちがいありませんし，なにかしら適当な関数 λ を指定すれば，その下限が実際に与えられるであろうというのはごく自然な想定です．状況を吟味して正確な論証が必要なことであり，ヴァイエルシュトラスの

指摘の通りですが，思うにリーマンとしても気づかなかったわけではないのではないでしょうか．リーマンによる証明のスケッチを見て，何らかの根拠があって正しいことを確信していたのであろうという印象を受けました．

一意性の確認（1）

　積分 Ω に極小値を与える関数をひとつとり，それを u とします．h は定量として，$u+h\lambda$ という形の関数を作ると，それもまた ω の仲間でありうる形の関数です．実際，関数 u は $u=\alpha+\lambda_0$ という形の関数で，λ_0 は連続であるか，あるいは連続ではないとしても不連続点は高々孤立点のみという関数です．これに加えて，積分

$$\int\left(\left(\frac{\partial\lambda_0}{\partial x}\right)^2+\left(\frac{\partial\lambda_0}{\partial y}\right)^2\right)dT$$

は有限値をとるという性質を備えています．$u+h\lambda$ はどうかというと，$\alpha+\lambda_0+h\lambda$ という形で，$\lambda_0+h\lambda$ は高々孤立点を除いて連続な関数です．計算を進めると，

$$\left(\frac{\partial(\lambda_0+h\lambda)}{\partial x}\right)^2+\left(\frac{\partial(\lambda_0+h\lambda)}{\partial y}\right)^2$$

$$=\left(\frac{\partial\lambda_0}{\partial x}+h\frac{\partial\lambda}{\partial x}\right)^2+\left(\frac{\partial\lambda_0}{\partial y}+h\frac{\partial\lambda}{\partial y}\right)^2$$

$$=\left(\frac{\partial\lambda_0}{\partial x}\right)^2+\left(\frac{\partial\lambda_0}{\partial y}\right)^2+2h\left(\frac{\partial\lambda_0}{\partial x}\frac{\partial\lambda}{\partial x}+\frac{\partial\lambda_0}{\partial y}\frac{\partial\lambda}{\partial y}\right)+h^2\left(\left(\frac{\partial\lambda}{\partial x}\right)^2+\left(\frac{\partial\lambda}{\partial y}\right)^2\right).$$

　関数 $u+h\lambda$ が ω の仲間であるためには，この関数の T 上の積分が有限にとどまってほしいのですが，積分

$$\int\left[\left(\frac{\partial\lambda_0}{\partial x}\right)^2+\left(\frac{\partial\lambda_0}{\partial y}\right)^2\right]dT$$

と積分

$$\int\left[\left(\frac{\partial\lambda}{\partial x}\right)^2+\left(\frac{\partial\lambda}{\partial y}\right)^2\right]dT$$

は問題なく有限です．もうひとつの積分

$$\int\left(\frac{\partial\lambda_0}{\partial x}\frac{\partial\lambda}{\partial x}+\frac{\partial\lambda_0}{\partial y}\frac{\partial\lambda}{\partial y}\right)dT$$

については，不等式

$$\int\left|\frac{\partial\lambda_0}{\partial x}\frac{\partial\lambda}{\partial x}+\frac{\partial\lambda_0}{\partial y}\frac{\partial\lambda}{\partial y}\right|dT$$

$$\leqq\int\sqrt{\left[\left(\frac{\partial\lambda_0}{\partial x}\right)^2+\left(\frac{\partial\lambda_0}{\partial y}\right)^2\right]\left[\left(\frac{\partial\lambda}{\partial x}\right)^2+\left(\frac{\partial\lambda}{\partial y}\right)^2\right]}\,dT$$

$$\leqq\sqrt{\int\left[\left(\frac{\partial\lambda_0}{\partial x}\right)^2+\left(\frac{\partial\lambda_0}{\partial y}\right)^2\right]dT}\times\sqrt{\int\left[\left(\frac{\partial\lambda}{\partial x}\right)^2+\left(\frac{\partial\lambda}{\partial y}\right)^2\right]dT}$$

により，やはり有限です（二つ目の不等式はシュヴァルツの不等式）．これで $u+h\lambda$ は関数 ω に課された条件をみな満たしていることがわかりました．

そこで積分 Ω において $\omega=u+h\lambda$ を代入すると，

$$\Omega=\int\left[\left(\frac{\partial u}{\partial x}-\frac{\partial\beta}{\partial y}\right)^2+\left(\frac{\partial u}{\partial y}+\frac{\partial\beta}{\partial x}\right)^2\right]dT$$

$$+2h\int\left[\left(\frac{\partial u}{\partial x}-\frac{\partial\beta}{\partial y}\right)\frac{\partial\lambda}{\partial x}+\left(\frac{\partial u}{\partial y}+\frac{\partial\beta}{\partial x}\right)\frac{\partial\lambda}{\partial y}\right]dT$$

$$+h^2\int\left(\left(\frac{\partial\lambda}{\partial x}\right)^2+\left(\frac{\partial\lambda}{\partial y}\right)^2\right)dT=M+2Nh+Lh^2$$

という形になります．この積分を h に関する次数 2 の多項式と見るとき，定数項を M，$2h$ の係数を N，h^2 の係数を L と表記しました．積分値 M は Ω の最小値ですから，上記の積分値はすべての関数 λ に対し，h が十分に小さいとき，M よりも大きくなければならないことになります．h が十分に小さいというのは，どの関数 λ に対しても $\omega=u+h\lambda$ が u の周辺に分布するということですから，極小値ということの意味を考えるとおのずとそのような状況が観察されることになります．

　オイラー以降の微積分では「変化量の関数」に関心が寄せられ始め，極大極小問題なども関数が変化する様式を観察するという営為のもとで着目されるようになりました．これに対し，リーマンが取り上げた積分 Ω はまるで「関数の関数」のようで，関数それ自体が1個の変化量であるかのような役割を果たしています．オイラーに淵源する変分法の流れが，ここにはっきりと現れています．

　関数 u が積分 Ω に極小値 M を与えるということから，すべての λ に対して $N=0$ となることが帰結します．実際，

$$2Nh+Lh^2 = Lh^2\left(1+\frac{2N}{Lh}\right)$$

と変形すると明らかになることですが，もし $N\neq0$ なら，h として N と反対符号をもち，しかも符号は別にして $\frac{2N}{L}$ よりも真に小さいものをとると，$2Nh+Lh^2$ は負になります．そのため積分 Ω の値は M よりも小さくなってしまいます．

　不定定数 h を導入して関数 ω を $\omega=u+h\lambda$ という形に書き表したのは，積分 N が0であることを導くための工夫です．ω の一般形ということなら ω を $u+\lambda$ と書けば十分で，対応する積分 Ω の値は $M+L$ となります．L は正ですから，Ω はどのような ω に対しても，u に対する値，すなわち M より小さい値をとることはできません．

一意性の確認 (2)

　関数 ω の中にもうひとつの関数 u' があって，それに対しても積分 Ω は極小値 M' をもつとします．すると必然的に二つの不等式

$$M' \leqq M, \quad M \leqq M'$$

が成立するほかはなく，その結果，$M=M'$ であることが帰結します．u' は関数 ω の仲間ですから，これを $u+\lambda'$ という形に書くと，

M' は $M+L'$ と表示されます．ここで，L' は前記の積分 L において λ として λ' を採用したときに得られる値です．これで二つの等式 $M'=M$, $M'=M+L'$ が得られました．ここから $L'=0$ が帰結しますが，積分 L' の形を見ると，$L'=0$ となるのは T 上で

$$\frac{\partial \lambda'}{\partial x}=0, \quad \frac{\partial \lambda'}{\partial y}=0$$

となる場合に限ります．それゆえ，λ' は高々孤立点のみを除いて連続であることを考慮に入れると，ある一定値をもつことがわかります．それに，境界に沿って 0 であることは当初から規定されています．したがって，積分 Ω に極小値を与える関数 ω を二つとるとき，それらが異なるのは孤立点においてのみにすぎません．

極小値を与える関数 u において，孤立点において値を修正することにより取り除ける不連続性は除去しておくことにすれば，この関数は完全に定められることが，これで明らかになりました．

「関数」の構成（1）

積分 Ω に極小値を与える関数 u に対して，積分

$$N = \int\left[\left(\frac{\partial u}{\partial x}-\frac{\partial \beta}{\partial y}\right)\frac{\partial \lambda}{\partial x}+\left(\frac{\partial u}{\partial y}+\frac{\partial \beta}{\partial x}\right)\frac{\partial \lambda}{\partial y}\right]dT$$

は 0 になることがわかりました．リーマンはこの等式 $N=0$ からリーマン面 T 上の（リーマンの意味での）関数の存在を導きました．このあたりがリーマンの複素変数関数論の眼目です．

面 T から関数 u, β, λ の不連続点を含む部分 T' を切り取り，残る部分を T'' とします．積分 N は面 T の全域にわたって行われますが，それを T' 上での積分と T'' 上での積分に分けて考えます．まず T'' 上での積分を考えることにして，

$$X =\left(\frac{\partial u}{\partial x}-\frac{\partial \beta}{\partial y}\right)\lambda, \quad Y =\left(\frac{\partial u}{\partial y}+\frac{\partial \beta}{\partial x}\right)\lambda$$

と置いて計算を進めます.

$$\frac{\partial X}{\partial x} + \frac{\partial Y}{\partial y} = \left(\frac{\partial^2 u}{\partial x^2} - \frac{\partial^2 \beta}{\partial x \partial y}\right)\lambda + \left(\frac{\partial u}{\partial x} - \frac{\partial \beta}{\partial y}\right)\frac{\partial \lambda}{\partial x}$$

$$+ \left(\frac{\partial^2 u}{\partial y^2} + \frac{\partial^2 \beta}{\partial x \partial y}\right)\lambda + \left(\frac{\partial u}{\partial y} + \frac{\partial \beta}{\partial x}\right)\frac{\partial \lambda}{\partial y}$$

$$= \left(\frac{\partial^2 u}{\partial x^2} + \frac{\partial^2 u}{\partial y^2}\right)\lambda + \left(\frac{\partial u}{\partial x} - \frac{\partial \beta}{\partial y}\right)\frac{\partial \lambda}{\partial x} + \left(\frac{\partial u}{\partial y} + \frac{\partial \beta}{\partial x}\right)\frac{\partial \lambda}{\partial y}$$

それゆえ,

$$\int \left[\left(\frac{\partial u}{\partial x} - \frac{\partial \beta}{\partial y}\right)\frac{\partial \lambda}{\partial x} + \left(\frac{\partial u}{\partial y} + \frac{\partial \beta}{\partial x}\right)\frac{\partial \lambda}{\partial y}\right]dT$$

$$= -\int \left(\frac{\partial^2 u}{\partial x^2} + \frac{\partial^2 u}{\partial y^2}\right)\lambda\, dT + \int \left(\frac{\partial X}{\partial x} + \frac{\partial Y}{\partial y}\right)dT$$

$$= -\int \left(\frac{\partial^2 u}{\partial x^2} + \frac{\partial^2 u}{\partial y^2}\right)\lambda\, dT - \int \left(X\frac{\partial x}{\partial p} + Y\frac{\partial y}{\partial p}\right)ds$$

と式変形が進行します. 最後の変形のところで, 面積分を線積分に変換する既述の等式

$$\int \left(\frac{\partial X}{\partial x} + \frac{\partial Y}{\partial y}\right)dT = -\int \left(X\frac{\partial x}{\partial p} + Y\frac{\partial y}{\partial p}\right)ds$$

を用いました(第 5 章「リーマン面上の面積分と線積分」参照).

　もう少し計算を進めると,

$$\frac{\partial x}{\partial p} = -\frac{\partial y}{\partial s}, \quad \frac{\partial y}{\partial p} = \frac{\partial x}{\partial s}$$

により,

$$X\frac{\partial x}{\partial p} + Y\frac{\partial y}{\partial p} = \left(\frac{\partial u}{\partial x} - \frac{\partial \beta}{\partial y}\right)\lambda \frac{\partial x}{\partial p} + \left(\frac{\partial u}{\partial y} + \frac{\partial \beta}{\partial x}\right)\lambda \frac{\partial y}{\partial p}$$

$$= \frac{\partial u}{\partial x}\frac{\partial x}{\partial p}\lambda - \frac{\partial \beta}{\partial y}\frac{\partial x}{\partial p}\lambda + \frac{\partial u}{\partial y}\frac{\partial y}{\partial p}\lambda + \frac{\partial \beta}{\partial x}\frac{\partial y}{\partial p}\lambda$$

$$= \left(\frac{\partial u}{\partial x}\frac{\partial x}{\partial p} + \frac{\partial u}{\partial y}\frac{\partial y}{\partial p}\right)\lambda + \left(\frac{\partial \beta}{\partial y}\frac{\partial y}{\partial s} + \frac{\partial \beta}{\partial x}\frac{\partial x}{\partial s}\right)\lambda$$

$$= \left(\frac{\partial u}{\partial p} + \frac{\partial \beta}{\partial s}\right)\lambda$$

と進みます．これで T 上の積分 N のうち，T'' に由来する部分を表示する式

$$-\int \lambda \left(\frac{\partial^2 u}{\partial x^2} + \frac{\partial^2 u}{\partial y^2} \right) dT - \int \lambda \left(\frac{\partial u}{\partial p} + \frac{\partial \beta}{\partial s} \right) ds$$

が得られました．

　この表示式に見られる線積分

$$\int \lambda \left(\frac{\partial u}{\partial p} + \frac{\partial \beta}{\partial s} \right) ds$$

は T'' の境界に沿って行われますが，T'' の境界のある部分は T の境界でもあり，他の部分は T' と共通の境界でもあります．前者の境界上では λ のとる値は 0 ですから，上記の線積分のその境界に沿う部分は消失します．後者の境界に沿う部分は T' の境界に沿う積分と同じものですが，線積分を行う際の境界の向きが逆になります．したがって，積分 N は，T'' 上で行われる面積分

$$-\int \lambda \left(\frac{\partial^2 u}{\partial x^2} + \frac{\partial^2 u}{\partial y^2} \right) dT$$

と，T' 上での面積分と T' の境界に沿う線積分の和

$$\int \left[\left(\frac{\partial u}{\partial x} - \frac{\partial \beta}{\partial y} \right) \frac{\partial \lambda}{\partial x} + \left(\frac{\partial u}{\partial y} + \frac{\partial \beta}{\partial x} \right) \frac{\partial \lambda}{\partial y} \right] dT + \int \lambda \left(\frac{\partial u}{\partial p} + \frac{\partial \beta}{\partial s} \right) ds$$

で作られています．

「関数」の構成 (2)

　積分 Ω に極小値を与える関数 u に対し，$\frac{\partial^2 u}{\partial x^2} + \frac{\partial^2 u}{\partial y^2}$ は面 T のある部分において 0 と異なる値をもつとしてみます．その部分が T' の内部にすっかり含まれることのないように，あらかじめ T' を小さく定めておきます．関数 λ の選び方には大きな自由がありますから，λ

を適切に選び，T' 内では 0 となり，T'' 内では $\lambda\left(\dfrac{\partial^2 u}{\partial x^2}+\dfrac{\partial^2 u}{\partial y^2}\right)$ が

いたるところで同符号をもつようにします．このようにしておくと，

積分 N は 0 と異なる値をとるという，ありえない事態に逢着してし

まいます．これで $\dfrac{\partial^2 u}{\partial x^2}+\dfrac{\partial^2 u}{\partial y^2}$ は T の全域において 0 となることが

わかりました．これを言い換えると，ディリクレ積分 Ω に極小値を

与える関数 u は調和関数です．

したがって，

$$X=\left(\frac{\partial u}{\partial x}-\frac{\partial \beta}{\partial y}\right),\quad Y=\left(\frac{\partial u}{\partial y}+\frac{\partial \beta}{\partial x}\right)$$

と置くと，

$$\frac{\partial X}{\partial x}+\frac{\partial Y}{\partial y}=\frac{\partial^2 u}{\partial x^2}+\frac{\partial^2 u}{\partial y^2}=0$$

となりますから，T の任意の部分の全境界にわたって，等式

$$\int\left(X\frac{\partial x}{\partial p}+Y\frac{\partial y}{\partial p}\right)ds=0$$

が成立します（第 5 章「リーマン面上の面積分と線積分」）．この等式

は，この積分が定まった値をもつ場合には，その値は必ず 0 になる

ということを意味しています．

等式

$$\frac{\partial x}{\partial p}=-\frac{\partial y}{\partial s},\quad \frac{\partial y}{\partial p}=\frac{\partial x}{\partial s}$$

に留意して計算すると，

$$X \frac{\partial x}{\partial p} + Y \frac{\partial y}{\partial p}$$

$$= \left(\frac{\partial u}{\partial x} - \frac{\partial \beta}{\partial y} \right) \frac{\partial x}{\partial p} + \left(\frac{\partial u}{\partial y} + \frac{\partial \beta}{\partial x} \right) \frac{\partial y}{\partial p}$$

$$= \left(\frac{\partial u}{\partial x} \frac{\partial x}{\partial p} + \frac{\partial u}{\partial y} \frac{\partial y}{\partial p} \right) + \left(-\frac{\partial \beta}{\partial y} \frac{\partial x}{\partial p} + \frac{\partial \beta}{\partial x} \frac{\partial y}{\partial p} \right)$$

$$= \frac{\partial u}{\partial p} + \left(\frac{\partial \beta}{\partial y} \frac{\partial y}{\partial s} + \frac{\partial \beta}{\partial x} \frac{\partial x}{\partial s} \right)$$

$$= \frac{\partial u}{\partial p} + \frac{\partial \beta}{\partial s}.$$

そこで，面 T が多重連結の場合には適切な横断線に沿って切り開いて単連結面 T^* を作り，T^* 内の固定された点 O_0 から点 O にいたる線に沿う積分

$$-\int_{O_0}^{O} \left(\frac{\partial u}{\partial p} + \frac{\partial \beta}{\partial s} \right) ds$$

を考えると，この積分は 2 点 O_0, O を結ぶ線に依存せずにつねに同一の値をもつことがわかります（第 6 章「調和関数の除去可能な不連続点」）．点 O は不定点ですから，この積分は T^* においていたるところで連続な x, y の関数で，各々の横断線に沿って，両側で同一の変分を受け入れます．この関数を ν と表記します．

「変分」の原語は Aenderung で，関数 ν の変分というのは微分 $d\nu$ を意味しています．

この関数 ν を β に加えて，関数

$$v = \beta + \nu$$

を作ります．式変形を進めると，

$$v = \beta - \int_{O_0}^{O} \left(\frac{\partial u}{\partial p} + \frac{\partial \beta}{\partial s} \right) ds = \beta(O_0) - \int_{O_0}^{O} \frac{\partial u}{\partial p} ds$$

となります．ここで，

$$\frac{\partial u}{\partial p}\,ds = \left(\frac{\partial u}{\partial x}\frac{\partial x}{\partial p} + \frac{\partial u}{\partial y}\frac{\partial y}{\partial p}\right)ds$$

$$= \left(\frac{\partial u}{\partial x}\left(-\frac{\partial y}{\partial s}\right) + \frac{\partial u}{\partial y}\frac{\partial x}{\partial s}\right)ds$$

$$= -\frac{\partial u}{\partial x}\,dy + \frac{\partial u}{\partial y}\,dx.$$

したがって,

$$v = \beta(O_0) - \int_{O_0}^{O}\left(-\frac{\partial u}{\partial x}\,dy + \frac{\partial u}{\partial y}\,dx\right)$$

と表示され, ここから二つの等式

$$\frac{\partial v}{\partial x} = -\frac{\partial u}{\partial y}, \quad \frac{\partial v}{\partial y} = \frac{\partial u}{\partial x}$$

が取り出されます. ところが, これらは関数 $u+vi$ がリーマンのいう「関数」, すなわち, 今日の語法でいう正則な解析関数であることを示しています.

これで次に挙げる定理が得られました.

定理

面 T は連結とし，横断線に沿って切り開かれて単連結な面 T^* に変換されているとする．この面 T において x, y の複素関数 $\alpha + \beta i$ が与えられていて，面 T の全域にわたって遂行される積分

$$\int\left[\left(\frac{\partial \alpha}{\partial x}-\frac{\partial \beta}{\partial y}\right)^2+\left(\frac{\partial \alpha}{\partial y}+\frac{\partial \beta}{\partial x}\right)^2\right]dT$$

は有限値をもつとする．このとき，この関数 $\alpha + \beta i$ に，下記の条件を満たす x, y の関数 $\mu + \nu i$ を加えることにより，関数 $\alpha + \beta i$ をつねにただひと通りの仕方で z の関数に変換することができる．

1）μ は T の境界に沿って 0 になるか，あるいは，0 と異なるのは高々孤立点においてのみである．ν はある一点において任意に与えられる．

2）μ の変分は T において，ν の変分は T^* において，不連続性を示すのは孤立点においてのみである．T の全域にわたって行われる積分

$$\int\left[\left(\frac{\partial \mu}{\partial x}\right)^2+\left(\frac{\partial \mu}{\partial y}\right)^2\right]dT,$$
$$\int\left[\left(\frac{\partial \nu}{\partial x}\right)^2+\left(\frac{\partial \nu}{\partial y}\right)^2\right]dT$$

は有限にとどまる．また，μ の変分は横断線に沿って両側で等しい．

　　面 T 上に与えられた二つの実関数 α, β から出発して，ディリクレ積分 Ω に極小値を与える関数 $u = \alpha + \mu$ を見つけると，それは調和関数になることをリーマンは示しました．調和関数は正則な解析関数の実部になる資格を備えていますが，実際にもうひとつの調和関数 v が見つかって，これは実現されました．α と β を与える仕方には大きな自由度がありますから，これでリーマン面上に正則な解析関数を作る方法が確立されたことになります．関数 $\alpha + \beta i$ を z の関数に変

換する仕方の一意性の確認が必要ですが，前と類似の議論の繰り返しになりますので，省きます．

　リーマンの複素変数関数論の根幹がこうして定まりました．リーマン自身，

　　（先ほどの）定理の土台となる原理により，1個の複素変化量の関
　　数を（その表現とは独立に）研究する道が開かれる．

と言っています．

複素量の導入をめぐって

　リーマン面上に正則な解析関数を作ることを可能にする命題が確立されて，学位論文の主題はおおむね達成されました．続いてリーマンは複素変数関数論をめぐってさまざまなことを語っていますので，いくつか採集してみたいと思います．

　数学に複素量（die complexen Grössen）を導入するということの「起源および手近な目的」は何でしょうか．リーマンはこの問いに対し，起源と目的は「いくつかの変化量の間の量演算により表される単純な依存法則の理論」の中に認められると応じました．いくつかの変化量が相互に依存しつつ変化するという状況であれば，リーマンに先立ってすでにオイラーが考察し，そこに関数概念の芽生えを観察しています．変化量 $x, y, z, \cdots$ の間に何らかの相互依存関係が認められるとき，どれかひとつ，たとえば x に着目すると，他の変化量 $y, z, \cdots$ のことは x の関数と呼ぶのが相応しいというのが，オイラーが提案した3種類の関数のうちのひとつでした（典拠はオイラーの著作『微分計算教程』の序文です）．

　ひとつひとつ言葉を吟味したいのですが，「量演算」とは何か，依存法則の単純さとは何かというと，リーマンはここに脚註を附しています．それによると，リーマンは加法，減法，乗法，除法，それに

積分と微分を挙げて，これらを初等的演算と呼んでいます．依存法則の単純さの基準は，その法則を生成するのに必要とされる量演算の個数です．少なければ少ないほど，それだけ単純とみなされることになりますが，これまでに解析学で用いられてきた関数はどれもみな，ここに挙げられた演算を有限回繰り返すことにより規定されるというのがリーマンの所見です．

リーマンの指摘のとおりと思いますが，単純な依存法則の理論の中に複素量の導入の「起源および手近な目的」が存在するというのはどのような意味なのでしょうか．ここが肝心なところですが，論点の核心は変化量のとる数値にあります．変化量のとりうる値を実数に限定するのではなく，複素数値をも受け入れることにする．そうすると，「そのようにしなければ隠されたままになっている調和と規則性」が眼前に現れてくる．リーマンはそこに複素量導入の意義を見ています．

代数関数論のことなど

具体的にはどのような事例があるのかといえば，実はごくわずかしかないとリーマンは率直に語ったうえで，(1変数の)代数関数の例を挙げました．2個の変化量 z, w がある代数方程式で結ばれている場合，すなわち，$P(z, w)$ は多項式として，方程式

$$P(z, w) = 0$$

が成立する場合には，z と w の間には確かに相互依存関係が認められます．このような場合には，一方の変化量は他方の変化量の代数関数という名で呼ばれています．あるいはまた，微分商 $\dfrac{dw}{dz}$ が z の代数関数になっている場合も考えられます．たとえば，z と w が

$$\frac{dw}{dz} = \frac{1}{\sqrt{1 - z^4}}$$

のような関係で結ばれている場合がこれに該当します．これらの事

例では，変化量相互の依存関係を考察する際に，変化量の変域を複素数に拡張することがリーマン以前にもすでに実行されていましたが，この二つの事例に帰着される依存法則だけでほとんどすべてであると，リーマンはまたしてもこのうえもなく明瞭に指摘しました．

　リーマンの念頭にあるのは (1 変数の) 代数関数とその積分の理論ですが，その雛形もしくは原型として楕円関数論も忘れられません．具体的にはアーベルとヤコビによる楕円関数論とアーベル積分論が，学位論文の時期のリーマンの心を占拠していたと見てさしつかえありません．楕円関数論もアーベル積分論も，アーベルとヤコビ以前にオイラーが手掛けていたように，変化量の変域を実数に限定してもいろいろな結果が得られます．それらは複素量の支援を受けるといっそう簡明になり，完成度が高まりますが，複素量の導入の値打ちはそれだけにとどまるのではなく，新たな発見への道が開かれていくところに真価があります．これもリーマンの所見です．新たな発見への道が開かれた場として，リーマンは代数関数のほかに，円関数もしくは指数関数，楕円関数，アーベル関数を挙げました (アーベル関数については第 12 章参照)．円関数は三角関数と同じで，変数を複素数域に拡大すれば，オイラーの公式

$$e^{i\theta} = \cos\theta + i\sin\theta$$

により指数関数との関連が明らかになります．

　リーマンはこれらの関数に関する研究の歴史の回想を通じて，複素数の力を具体的に語ろうとしています．

第10章　リーマンの声を聴く

1 価関数と多価関数

　リーマンの学位論文を読み始めてようやく解析関数の存在定理にたどりつきました．ここまでの足取りを顧みると，実に彩りの豊かな多種多様な光景が次々と思い出されます．一歩を運ぶとそのつど新世界が眼前に開かれていくというふうで，印象はつねに神秘的でした．リーマンははじめ「関数とは何か」という問いを立て，関数の正体の探索から説き起こしました．ディリクレが提案した実関数やオイラーのいわゆる連続関数を語りつつ，話題は複素変化量，すなわち複素数値をもとりうる変化量とその関数へと広がっていきました．二つの実変化量 x, y が相互に依存し合いながら変化するという状況を思い描くと，x の個々の値に対応して y の値もまたおのずと定まるという現象が想定されます．この対応の規則そのものを指して関数と呼ぶのは，すでにオイラーの開いた数学的世界にはっきりと芽生えていたアイデアですが，ディリクレはここに，「x に対応する y の値は1個のみ」という限定条件を課しました．関数を変化量と変化量の1価対応と見る観点がここに打ち出されました．

　オイラーの念頭には代数関数があり，代数関数は必然的に多価性を帯びていますから，オイラーが多価関数を許容したのは当然です．他方，ディリクレの念頭にあったのは，「完全に任意の関数をフーリエ級数に展開する」という，フーリエの奇抜な（そういう印象があり

ます）アイデアでした．これを受けてフーリエ級数展開の可能性の探索に向うのであれば，考察の対象となる関数にはおのずと 1 価性が課されます．なぜなら，フーリエ級数により表される関数は必然的に 1 価であるほかはないからです．1 価関数と多価関数．ではリーマンはどうしたかというと，1 価関数を採用するという立場に立ちました．学位論文の冒頭の一文に明記されているとおりで，ディリクレの影響が明瞭に感知される場面ですが，それでもなお，なぜそうしたのだろうという疑問が残ります．リーマン自身の肉声に耳を傾けたいと痛切に思うのは，いつでもこのような場面においてです．

学位論文の二つの主題

　リーマンは関数というものを観念的に考えていたわけではなく，学位論文で触れているように，リーマンの念頭には代数関数のほかに，円関数（三角関数の別称），指数関数，対数関数，楕円関数，それにアーベル関数のような超越関数がありました．具体的にめざしていたのは**ヤコビの逆問題**を解決することで，学位論文で複素変数関数論の基礎の確立を試みたのは，ヤコビの逆問題の解決をめざして心に描いた登攀路を実際に踏破するためのベースキャンプにするつもりなのでした．鍵は複素変化量にあり，これらの関数の変域を複素数域に拡大し，複素変数関数と見て考察しようとして，即座に直面したのが「関数概念をどのように定義するべきか」という基本問題でした．

　数学のことですから，何かしら定義の文言を書き下して，これを関数と呼ぶと宣言しさえすれば，それでたちまち関数概念が定まってしまいそうです．言葉それ自体が概念を規定するという考え方ですが，リーマンはそうはせず，関数の正体を適切に描写しようと試みています．リーマンの関数は言葉のない状態ですでに存在しているのであり，強固な実在感が関数の存在を支えています．その観念に言葉の衣裳をまとわせようとするところに，思索が無限に深まっ

ていく契機がありました．こんなふうにリーマンの心情を思いやると、「定義が次第に変っていくのは、それが研究の姿である」という、岡潔先生の言葉(15頁参照)がしみじみと思い出されます．

　代数関数は有限多価関数．円関数は1価ですが、逆三角関数に移ると無限多価関数．指数関数は1価関数．対数関数は実変数関数と見ると1価ですが、複素変数関数と見ると無限多価関数です．虚数の対数なら、リーマンに先立ってすでにオイラーが考察し、無限多価性の認識に到達しています．楕円関数論は淵源を訪ねればオイラーにたどりつきますが、19世紀に入って、アーベルの論文「楕円関数研究」(1827-28年)とヤコビの著作『楕円関数論の新しい基礎』(1829年)が出現し、新時代を迎えました．アーベルもヤコビもリーマンの一世代前の数学者で、楕円積分もその逆関数も複素数域において考察されています．アーベル関数論の萌芽もまたアーベルとヤコビの諸論文に芽生えています．全容を明るみ出すことができるか否かの鍵は**ヤコビの逆問題**がにぎっていますが、この問題は、アーベルの没後、アーベルの思索を継承したヤコビが提出した問題です．リーマンは早世したアーベルに会ったことはありませんが、ヤコビとは会うことができて、学生時代にベルリン大学でヤコビの講義を聴講する機会もありました．

　こんなふうに観察していくと、これらの関数の考察にあたり、若い日のリーマンの思索をうながした二つの主題が透けて見えてくるような思いがします．ひとつは複素変数関数の一般概念をどのように規定したらよいのかということ、もうひとつは関数の1価性と多価性の対立を調和させていくにはどうしたらよいのかということです．これらの課題に応えようとする試みが学位論文を形作っています．学位論文の表題は「1個の複素変化量の関数の一般理論の基礎」．「複素変化量」「一般理論」という二つの言葉がこの論文の内容をそのまま物語っていますが、これに加えて「基礎」の一語にもしみじみと感慨を誘われます．リーマンのいう「基礎」とは何か．それはリーマン面上に解析関数を作り出す手順のことにほかなりません．

表示式から「関数」へ

　複素変数関数の概念規定にあたり，リーマンはディリクレになら
って 1 価性を課す姿勢をくずしません．このあたりは実変数関数の
場合と同じです．では，完全に任意の 1 価対応を採用するのかとい
うとそうではなく，独自の工夫を凝らしています．二つの複素変化
量 z, w において，z のとりうる各々の数値に対し，w の 1 個の値が対
応するとき，それだけなら w はディリクレのいういみにおいて z の
関数ですが，リーマンはさらに「微分 dw と微分 dz の比 $\dfrac{dw}{dz}$ は dz に
依存せずに確定する」という条件を課しました．この条件を満たす 1
価対応が，リーマンのいう「関数」で，実変数関数と決定的に別れて
いく地点がここに現れています．

　今日の語法でいう正則関数と同じ意味になり，それならコーシー
と相通じるものがありそうに思われるにもかかわらず，なぜかコーシ
ーへの言及が見られないのはいかにも不思議なことでした．論理的
には同じもののように見えても，コーシーとリーマンでは登攀をめざ
す山脈の姿が異なりますし，リーマンにとってコーシーは無縁の人だ
ったのでしょう．

　リーマンが関数に課した条件は，初等的演算で組み立てられる表
示式ではあたりまえのことのように満たされています．まさしくそこ
に目を留めたのだとリーマンは言っていますが，ごくかんたんな形の
表示式から関数の一般概念にいたる道のりは無限の距離があります．
両者を連繋することができたのはリーマンの創意の発露ですし，リ
ーマンに特有の神秘感はこのようなところにありありと立ち現れてい
ます．

関数の多価性とリーマン面

　複素変数関数に対しても 1 価性を課すという方針を打ち出したリーマンですが，代数関数が多価関数であることは動かしがたい事実ですし，どこまでも 1 価性を保持する限り代数関数を扱うことはできないではないかという難題が残ります．リーマンはリーマン面というアイデアを提案して，この難所を乗り切りました．複素変化量の変域は複素数域．その複素数域をガウスのアイデアを借りて無限平面と同一視すると，複素変数関数の変数の変域はもはや「数の集合」ではなく，無限平面という幾何学的な場所になります．ひとたび平面に移行したうえで，なお一歩を進めてリーマン面を提案したのはまったくリーマンに独自の卓越したアイデアでした．リーマン面の形状を語る言葉も明瞭に語られました．

　代数関数には分岐点があり，リーマンは代数関数をモデルにして考えていますから，リーマン面にも分岐点が散りばめられています．分岐点の附近のリーマン面の形状を語るリーマンの言葉は懇切をきわめています．また，代数関数は特異点をもっていますが，本質的な特異点は存在せず，すべて「極」という呼び名をもつ非本質的な特異点ばかりです．リーマン面上の点が極に限りなく近づいていくと，それに伴って，関数の値の大きさ（絶対値）は限りなく増大していきます．その増大の度合いを数値により言い表すと，極の位数という概念が定まります．こんなふうにしてリーマン面上の関数の振舞いが次々と明示されていきました．

関数の表示式をめぐって

　リーマンの学位論文は全 22 節に区分けされていて，ディリクレの原理によりリーマン面上に関数を作る命題が登場するのは第 18 節です．残る節は 4 個．関数概念の模索と提示から関数の構成まで．

これで学位論文はほとんど汲み尽くされました．このような状況を見るにつけても，表題に見られる「一般理論の基礎」ということの実体は関数の構成それ自体であることがはっきりと伝わってきます．個々の関数について，そのリーマン面を構成するのではなく，関数があるともないとも何も言えないリーマン面の上に関数を作るという営為を通じて，リーマンはどのような数学的意志を語ろうとしているのでしょうか．この論点に関し，リーマンは第 19 節で所見を表明しています．

　「前章の末尾の定理」というのは第 18 節の「関数を作る命題」のことですが，その根底を作っている原理により，1 個の複素変化量の関数をその表示に依存せずに研究する道が開かれるとリーマンは宣言しました．リーマン面上に関数を作るということの真意が，ここに語られています．第 20 節に移り，代数関数，円関数，指数関数，楕円関数，アーベル関数を列挙したのちに，

　　　これらの関数を取り扱うこれまでの方法はつねに，定義として関数の表示式を根底に据えている．その表示式を通じて，変化量の各々の値に対して関数の値が与えられるのである．

と，従来の手法を振り返りました．たとえば代数関数の場合を考えてみることにして，w を z の代数関数とすると，これらの二つの変化量は代数方程式

$$P(z,w) = 0$$

により相互に連繋しています．この多項式の w に関する次数が高々 4 であれば，w は z の代数的表示式（z と定数に対して加減乗除と「冪根作る」という演算を適用して組み立てられた式）として書き表されます．次数が 4 をこえても，オイラーは代数的表示式の存在を確信していたような節がありますが，アーベルの「不可能の証明」により，一般的に言ってこの可能性は否定されました．そのためアーベルは一般のアーベル積分，すなわち代数関数の積分を考える場合には，

代数関数のいかなる表示も前提としていません.

　このあたりの消息を細かく観察すると，つねに関数の表示式を土台にしていたという「従来の手法」について，必ずしもそうではなかったのではないかという異議を提出する余地もありそうです．とはいうものの，アーベルが一般のアーベル積分を正面から取り上げたのは，1826 年の秋のパリ滞在時に書いた論文（「パリの論文」と呼ばれています）と，1829 年の年初，病気になる前に書いた「二頁の大論文」（高木貞治の言葉．『近世数学史談』より）のみで，特殊なタイプの超楕円積分を論じた論文「ある種の超越関数の 2, 3 の一般的性質に関する諸注意」(1828 年) では，高次数の多項式の平方根を用いて具体的に表示された代数関数の積分が考察されました．ヤコビが継承したのもこの論文で，ヤコビはそこからヤコビの逆問題を抽出したのですから，リーマンの言葉のとおりの状況が現れています．リーマンは代数関数の積分を指してアーベル関数と呼んでいることも，ここで想起しておきたいと思います．

　円関数を例にとると，たとえばかんたんな代数関数の積分

$$\theta = \int_0^x \frac{dx}{\sqrt{1-x^2}}$$

を書くと，x と θ は等式

$$x = \sin\theta$$

により結ばれていて，ここに正弦関数が顔を出しています．レムニスケート曲線の弧長を表す積分

$$\theta = \int_0^x \frac{dx}{\sqrt{1-x^4}}$$

を書き，x を θ の関数と見て

$$x = \varphi(\theta)$$

と表記すれば，これはレムニスケート関数と呼ばれる関数で，楕円関数の仲間です．いっそうかんたんな形の積分

$$y = \int_0^x \frac{dx}{x}$$

を提示すれば，y は x の対数関数 $y = \log x$ であり，x は y の指数関数

です．おおよそこのような状況を念頭に置いて，従来の方法は関数の表示式を根底に据えているとリーマンは指摘したのであろうと思います．

　代数的に表示された代数関数から出発すれば細やかな観察が可能になり，精密な知見が蓄積されますが，一般のアーベル積分を対象にしてヤコビの逆問題の解決をめざそうとする場合には，もう代数的表示式に期待することはできません．ではどうするか，というところにリーマンの苦心が注がれて，関数の概念規定とリーマン面の導入という大きな果実が摘まれました．リーマン面という幾何学的な場において関数を考えるということになると，関数を決定する要因は何かということがあらためて問われます．

関数を決定するもの　―― 境界条件と不連続条件

　関数が何らかの式で表示されているなら，関数の性質のすべてはその式に包み込まれています．ところが，ある関数を表示する式はただひとつに限るわけではありませんし，形の異なる二つの式が同一の関数を表していることもあります．それを確認するにはどうしたらよいかというと，一方の表示式を他方の表示式に変換する道筋を明示して，変化量のすべての値に対して二つの表示式が同一の値をとることを示す必要があります．これまではそうだった，とリーマンは言っています．これに対し，リーマン面上の関数の場合には，二つの関数が一致することを示すには，両者が全局的に一致することを確認する必要はなく，ごく限られた範囲で一致することが確かめられたらそれで十分です．リーマンが関数に課した性質，すなわち微分商 $\dfrac{dw}{dz}$ が dz に依存せずに確定するという性質の本質が，ここに現れています．

　表示式による関数の決定という姿勢を堅持することにすると，無数の表示式が類別されて，各々の類が 1 個の関数を表すということ

になります．これに対し，リーマン面上の関数は量演算による決定の仕方とはまったく異なる様式で定まります．関数を決定するものは何か．それは**境界条件**と**不連続性条件**であるというのが，複素変数関数論におけるリーマンの基本思想です．

　リーマンは代数関数を例にとって説明しています．無限平面 A（無限遠点を伴っています）の全体の上に単葉もしくは多葉に広がるリーマン面 T を考えて，その面を変化量 z の変域として指定してみます．関数 w は z の関数とし，不連続点は孤立点のみにおいて現れて，しかもそれらの点の各々における不連続性の様相は有限位数の無限大になるのみであるとします．無限大の位数は，無限遠点においては z を位数 1 の無限大とし，有限の点 z' で $\frac{1}{z-z'}$ を位数 1 の無限大と見て定めます．これを言い換えると，関数 w は本質的特異点をもたず，有限個の極のみを許容するということですが，このとき w は代数関数であるほかはありません．逆に，代数関数はどれもみなこれらの条件を満たします．このように規定することにすると，代数的表示式のような量演算とは独立に代数関数の概念が表明されました．

　代数関数は境界をもたないリーマン面上で考えられていますから，境界条件が課されることはありません．

アーベル関数論に向って

　リーマンがゲッチンゲン大学に学位論文を提出したのは 1851 年 11 月のことでした．試験は 12 月 3 日．審査を担当したのはガウスです．12 月 16 日に公開討論が行われ，この日，学位が授与されました．その後の成り行きを摘記すると，1854 年 6 月 10 日，ゲッチンゲン大学で教授資格取得のための試験に応じ，「幾何学の根底に横たわる仮説について」という題目で講演し，合格して私講師になりました．これで大学で講義ができるようになりました．ガウスは 1855

年2月23日に亡くなっています.

　1857年の『ボルヒャルトの数学誌』, 第54巻にリーマンの4篇の論文が掲載されました. 『ボルヒャルトの数学誌』というのは1826年にアオグスト・レオポルト・クレルレ (1780-1855年) が創刊した数学誌で, 正式な誌名は『純粋数学と応用数学のためのジャーナル』です. クレルレ自身が編集を担当していましたので『クレルレの数学誌』と略称されていましたが, クレルレの死去を受けて第53巻 (1857年) からカール・ヴィルヘルム・ボルヒャルト (1817-1880年) が新たに編集者になり,『クレルレの数学誌』は『ボルヒャルトの数学誌』になりました. ただし, ボルヒャルトのあとも編集担当者が相次いで交代していますし, そのつど略称を変更するのもわずらわしいためなのか, 創刊者にちなむ『クレルレの数学誌』という呼称は今も生きています.

　4篇の論文の表題は次のとおりです.

　　（第11論文）　「束縛のない変化量の関数の研究のための一般的諸前提と補助手段」

　　（第12論文）　「2項完全微分の積分の理論のための位置解析からの諸定理」

　　（第13論文）　「1個の複素変化量の関数の, 境界条件と不連続性条件による決定」

　　（第14論文）　「アーベル関数の理論」

　論文の番号は『ボルヒャルトの数学誌』, 第54巻に掲載された論文に割り振られた番号です. 4篇とはいうものの, 第11論文から第13論文までの3篇はどれも短篇で, 全体として学位論文の要約になっています. 本論は第14論文のアーベル関数論です. 1851年の時点の学位論文で1変数関数論の基礎の確立がめざされたわけも, これで明らかになりました.

第 11 論文より

　第 14 論文「アーベル関数の理論」に先行する 3 篇の論文はリーマン自身による学位論文の解説のようなおもむきがあり，単なる要約ではありません．目を通して，心に残る言葉を拾いたいと思います．まず第 11 論文「束縛のない変化量の関数の研究のための一般的諸前提と補助手段」から．次に引くのは冒頭の一文です．

　　この『数学誌』の読者を対象として，種々の超越関数，わけてもアーベル関数に関する研究を提示したいと思う．

　『数学誌』は『ボルヒャルトの数学誌』．目標はアーベル関数論にあることがリーマン自身にの言葉で語られました．第 14 論文「アーベル関数の理論」の序文の末尾にこの論文の成立の経緯が記されています．それによると，最後の 2 節，すなわち第 26 節と第 27 節を除いて（第 14 論文は全部で 27 個の節で構成されています），1855 年のミカエル祭の日から翌 1856 年のミカエル祭の日まで，ゲッチンゲン大学で行った講義（1856 年の冬学期の講義です）の一部分の抜粋ということです．アーベル関数の研究は早くから始められていたことも語られていて，1851 年の秋から翌 1852 年のはじめにかけてすでに第 14 論文の一部分（後述します）は仕上がっていたと記されています．1851 年の秋から翌年のはじめにかけてといえば，ちょうど学位論文の提出の時期と重なります．

　　私が $x+yi$ の関数と考えるのは，方程式

$$i\frac{\partial w}{\partial x} = \frac{\partial w}{\partial y}$$

　　を満たしつつ，$x+yi$ とともに変化する量のことである．その際，x と y による w の表示式は前提にされていないのである．

　ここに提示された方程式は，今日の語法でいう「コーシー＝リーマ

ンの偏微分方程式」です（38 頁ではコーシー = リーマンの偏微分方程式として二つの方程式を書きました．方程式 $i\dfrac{\partial w}{\partial x} = \dfrac{\partial w}{\partial y}$ の両辺の実部と虚部を比較して等置すると，38 頁の二つの方程式が得られます）．表示式を前提とせずに関数が考えられていることが明記されています．

> (x, y) 平面のある部分において与えられた $x+yi$ の関数は，たとえさらになお連続的に接続可能としても，そのような接続の可能性はただひととおりでしかありえない．

今度は複素変化量 $z = x+yi$ の関数の解析接続の一意性が語られました．リーマン面のアイデアの提示と関連する重要な論点ですので，リーマンの言葉にもう少し耳を傾けてみたいと思います．

関数の多価性の由来

第 11 論文に見られるリーマンの言葉を続けます．

> 究明を加えるべき関数は，z を包含する何らかの解析的な表示式や方程式によって定められると考えるのではなくて，関数の値は z 平面のある任意に区切られた部分において与えられていて，偏微分方程式
>
> $$i\frac{\partial w}{\partial x} = \frac{\partial w}{\partial y}$$
>
> を満たすという状勢を保ちつつ，その区域から連続的に接続されていくというふうに定められていると考えることにする．… この接続は，もし単に線に沿って行われるというのではなくて —— その場合には，偏微分方程式の適用は不可能である ——，有限の幅をもつ帯状の面に沿って行われるものとするなら，完全に確定する．

ところで，接続を遂行する関数の性質の如何に応じて，その関数は，どのような道に沿って接続が行われようとも，z の同一の値に対してそのつど同じ値を繰り返しとるか，あるいはそのような事態は見られないかのいずれかの場合が生起する．前者の場合，私はその関数を **1価** と呼ぶ．この場合，この関数は z のすべての値に対して完全に確定して，しかも，ある線に沿って不連続になるという事態は起らない関数になる．後者の場合には，その関数は **多価** という名で呼ぶのが相応しい．

　リーマンのいう「接続」を，今日の語法に合わせて「解析的な接続」，略して「解析接続」と呼ぶことにします．リーマンは関数には解析接続という現象が附随していることを語り，多価性の由来は解析接続であることを指摘しました．関数は 1価であることももちろんありますが，解析接続という現象が観察される以上，関数の本来の姿は多価性において現れると見るのが至当です．

　　その挙動を把握するには，何よりもまず z 平面のある種の特定の点，すなわち，[多価]関数がそのまわりで他の関数に接続されていくという性格を備えている点に注意を向けなければならない．

　「ある種の特定の点」というのは分岐点のことで，リーマンは対数関数を例にとって説明を続けました．

第11章　リーマン面再考

対数関数

　『ボルヒャルトの数学誌』，第54巻に掲載されたリーマンの第11論文「束縛のない変化量の関数の研究のための一般的諸前提と補助手段」の参照を続けます．関数の1価性と多価性を語ったリーマンは，対数関数 $\log(z-a)$ に範例を求めました．対数関数にとって特別な点というのは a のことで，この関数は点 a のまわりで他の関数に接続されていきます．次に挙げるのは，その様子を描写するリーマンの言葉です．

　関数 $\log(z-a)$ に即して観察すれば，点 a がそのような点である．この点 a を始点として1本の線が引かれている状勢を心の中に思い描くと，点 a の近傍において，この関数の値を適切に選定することにより，その線以外のところでは，いたるところで連続的に変化するようにできる．しかしこの線の両側では，この関数は相異なる値をとり，負の側での値は正の側での値よりも $2\pi i$ だけ大きい．そうしてこの線の一方の側，たとえば負の側から，その線をこえて向こう側の領域に向ってこの関数を接続していくと，そのとき明らかに，その領域にすでに存在している関数とは異なる関数が与えられる．しかも，ここで考察されている場合に関して

　観察すれば，すでに存在している関数よりもいたるところで $2\pi i$ だけ大きい関数が与えられるのである．

　点 a を始点として線が引かれている状況を想定せよとリーマンは指示しています．その線には負の側と正の側があるとも語られていますが，リーマンはここに註記を附して，「与えられた方向について，$+i$ が i に対してとるのと同様の位置にある側を，その方向に対する正の側の向きと呼ぶ」と規定していますが，この流儀はガウスにならったとも書き添えられています．ガウスは $+i$ を正の側の単位と呼ぶことにしているからというのがその理由です．リーマンに及ぼされたガウスの影響が，このようなところにくっきりと現れています．

　対数関数 $\log(z-a)$ の特性は，a のような「ある種の特定の点」の近傍における解析接続の様相において顕著に現れます．

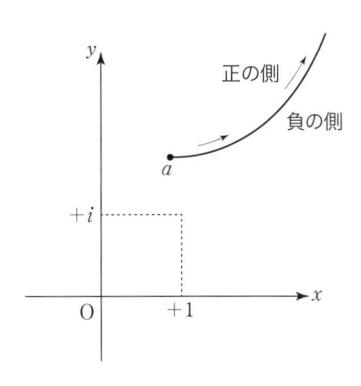

複素平面（ガウス平面）からリーマン面へ

　対数関数を離れて一般的に考えていくと，z 平面の同一の部分において，ある同一の関数のさまざまな断片が集っている状況が目に浮びます．断片的に認識される関数の各々のことを，リーマンは「ある同一の関数」の**分枝（Zweige）**と呼んでいます．考えられているのは

もとより多価関数で，断片のいろいろは，どの二つを見ても一方から他方へと相互に接続されますから，ばらばらに切り離された関数の集積のように見えるのはあくまでも局所的な光景であり，大域的に観察すれば全体でひとつの関数の姿が目に映じます．その関数は，局所的に見るといくつもの関数に分解しますが，連結して1個の全体像を形成し，さながら幾何学的な曲面のように見えてきます．

複素数の全体を1枚の無限平面上の点の全体との対応のもとで認識するというのがガウスのアイデアで，この流儀を採用するとき，無限平面は複素平面，あるいはまたガウス平面と呼ばれたりします．ある範囲内に留まる複素数の集まりは無限平面の一部分に対応します．複素数という名の「数」の集まりが幾何学的なイメージを帯びて，関数の全体像を支える土台は，平面の一部分，たとえば円板のような小さな部分が無数に張り合わされて形成される曲面のような図形になります．こんなふうに考えていくと，リーマン面のアイデアはこのあたりの消息に由来して発生したのであろうという想像に誘われます．

リーマンの言葉を引くと，「ある関数のある分枝がその点のまわりで他の分枝に接続されていくという性質を備えている点」のことを，リーマンはその関数の**分岐点**（Verzweigungsstelle）と名付けました．対数関数 $\log(z-a)$ の場合には，点 a がこの関数の分岐点です．分岐点のことは学位論文でも語られていましたが，そこでは *Windungspunkt* という言葉が用いられています．「巻点」というほどの意味合いでしょうか．冪根関数 $\sqrt[n]{z}$ における原点でしたら分岐点の一語がぴったりあてはまりますが，対数関数 $\log(z-a)$ における点 a の場合には分岐点より「巻点」のほうが相応しい感じがあります．分岐が起らない場所では，これもまたリーマンの語法ですが，この関数は**単一変化的**（einändrig}，あるいはまた**モノドローム**（monodrom）であると言い表されます．

多変数関数を語る

　リーマンの論文のテーマは 1 変数関数ですが，ここで突然，いく
ぶん唐突に（という印象があります）多変数関数が登場するのはいか
にも不思議です．次に引くのはリーマンの言葉です．

> 　いくつかの独立変化量 $z, s, t, \cdots$ の関数のある分枝は，ある定量
> $z = a, s = b, t = c, \cdots$ の近傍において，次のような状勢のもとで単
> 一変化的である．この値の系からの距離が，ある有限の大きさの
> 範囲内にとどまるような（言い換えると，$z-a, s-b, t-c, \cdots$ の絶対
> 値が，ある一定の大きさの有限量の範囲内にとどまるような）あ
> らゆる値の組に対して，取り上げられている関数の分枝の，変化
> 量とともに連続的に変化する定値が対応する．関数が分岐する点
> の集まり，すなわちある分枝をその点のまわりをまわりながら接
> 続していくとき，その分枝は別の分枝に接続されていくという性
> 質を備えている点の集まりは，多変数関数の場合には，独立変化
> 量の値のうち，ある方程式を満たすものの全体からなる．

　いくつかの独立変化量の関数のことは，本当は多変化量関数と呼
ぶのが適切な語法ですが，聞きなれない言葉ですから，今日の習慣
に沿って多変数関数と呼ぶことにします．リーマンのいう多変数関
数は，今日の語法でいう多変数解析関数を指しています．リーマン
の関数論のねらいは代数関数論にあり，その代数関数論の中心に位
置する「ヤコビの逆問題」を解くと，今日の語法でアーベル関数と呼
ばれる多変数関数が認識されます．多変数関数論の端緒を開く役割
を担うことになる関数ですから，リーマンが多変数関数の一般理論
に関心を寄せていたとしても不思議ではありません．そのような関
心の一端が，分岐点の話題に事寄せてつい顔を出したということで
はないかという想像に駆られる場面であり，興味は尽きません．

多変数関数の分岐点の集まりは「ある方程式を満たす」と明記されているのも注目に値します．しかもその方程式を規定する関数は，それ自体もまた多変数(解析)関数が想定されていると見てさしつかえありません．

　もう少し註記を添えると，今日の語法でアーベル関数というと多重周期をもつ多変数の解析関数のことで，リーマンのいうアーベル関数は今日の語法でいうアーベル積分に該当します．

関数の性質を知るには

　関数の分岐点をめぐるリーマンの言葉が続きます．

　上に挙げた周知の一定理によれば，ある関数の単一変化性は変化量の増分の正または負の整冪に関する展開の可能性と同等であり，関数が分岐するという性質は，そのような展開が不可能であることと同等である．だが，**表示様式に依存しない関数の性質を，関数の表示に備わっている特定の形状と結ばれている特殊な色合いを通じて語ろうとするのは適切とは思われない**．

　複素変数関数論に向かい合うリーマンの姿勢がリーマン自身の言葉で鮮明に表明されていて，傾聴に値します．一番はじめの人ならではの発言ですし，このような言葉が響いてくるところに，原典を読むということの深い味わいがにじみます．

　「周知の一定理」というのは，今日の関数論のテキストの冒頭に登場する「コーシーの定理」を指しています．リーマンは第 11 論文の冒頭に，今日の語法で「コーシー＝リーマンの方程式」と呼ばれる偏微分方程式

$$i\frac{\partial w}{\partial x} = \frac{\partial w}{\partial y}$$

を書き，「私が $x+yi$ の関数と考えるのは」，この方程式をみたしながら $x+yi$ とともに変化する量 w のことであると明記しました（149頁参照）．複素変数の関数の概念を把握しようとする場面において，すでに学位論文の段階で表明された姿勢ですが，リーマンはここに，「x と y による w の表示式は前提にされていない」と，重要なひとことを書き添えました．表示式がなくても，単一変化的な関数に対し，コーシー＝リーマンの方程式から出発すればコーシーの定理が導かれ，なお一歩を進めると，関数値の積分表示を経て，

$$\sum a_n (z-a)^n$$

という形の冪級数表示に到達します．関数 w は点 a において特異性を示すこともあれば示さないこともあり，それぞれの場合に応じて冪指数 n の取りうる数値は正負の整数の上に広がります．ところが a が w の分岐点の場合には，このように展開するのは不可能になってしまいます．

　リーマンは関数の表示式についてそのように語っていますが，表示の可能性の探求に真意があるわけではなく，かえって，「表示様式に依存しない関数の性質を，関数の表示に備わっている特定の形状と結ばれている特殊な色合いを通じて語ろうとするのは適切とは思われない」と明言しています．表示式の形に依存しない諸性質は表示式とは無縁の道筋を通って探究するべきであると，リーマンは主張しています．では，具体的にはどのようにすればよいのでしょうか．リーマンはリーマン面のアイデアを提案して，みずからこの問いに答えました．

アーベル関数のために

　リーマン面のアイデアを語ろうとするリーマンの念頭にあったのは，わけても代数関数とアーベル関数でした．リーマンの言葉を続

けます.

　多くの研究，わけても**代数関数とアーベル関数**の研究のために
は，多価関数の分岐様式を次のようにして幾何学的に描出するの
が適切であろう.

この思想からリーマン面の概念が生れました.

　(x, y) 平面において，(x, y) 平面とぴったり重なり合うもう 1 枚の
面が（あるいは，ある限りなく薄い物体が (x, y) 平面の上に）広が
っている状勢を心の中に描いてみよう. ただしその面は，関数が
与えられている範囲にわたって，しかもその範囲に限定されて伸
び広がっているものとする. したがって，この関数が接続されて
いくと，それに伴ってこの面もまた延長されていくことになる.
(x, y) 平面の，この関数の二通り，またはいく通りもの接続が存
在するような場所の上には，この面は二重または幾重にも折り重
なっている. そのような場所の上では，この面は 2 枚またはいく
枚かの葉から構成されていて，それらの葉の各々は関数のひとつ
の分枝を表している.

　リーマン面の形状の描写は学位論文にもありましたが，ここでま
た一段と明晰な姿形がスケッチされました. 関数の接続と，それに
伴ってリーマン面が伸展していく様子がよくわかります.

　分岐点の周辺の形状の描写は次のとおり.

　この関数の分岐点（註. この「分岐点」の原語は Verzweigungspunkt）
のまわりでは，この面のある 1 枚の葉は他のもう 1 枚の葉に接続
されていく. それゆえ，そのような点の近傍では，この面はさ

ながら，その点において (x, y) 平面に直立する軸と，限りなく小さな高さのねじれを有するらせん状の面であるかのように想定することができる．もし z がその分岐点 (註．この「分岐点」の原語は Verzweigungswerth.「分岐値」という意味になります) のまわりをいく度かまわったのちに，この関数が再び以前の値を獲得するとするなら (たとえば，m, n は互いに素な数として，z が a のまわりを n 回転したのちの $(z-a)^{\frac{m}{n}}$ のように)，その場合にはもちろん，この面の最上位に位置する葉は，他のすべての葉を横切って，最下位に位置する葉に接続されていくものと仮想しなければならない．

リーマン面の分岐点を含む面分はらせん状と言われていますが，そのらせんの軸とねじれの高さは無限小です．言い換えると，高さがありませんから図示することはできず，心情のカンバスに描き出すしかありません．

リーマン面の描写はこれでよいとして，関数のほうはどのようになるのかというと，リーマンはこんなふうに言っています．

多価関数は，その分岐様式を上記のように描き出す面の各々の点において，ただひとつの定値をもつ．それゆえ，この関数は，この面の場の，完全に確定する関数とみなされるのである．

リーマン面は純粋に幾何学的な場所ですから，そこで考えられる関数は，リーマン面の点に対して一定の数値が対応するという抽象的な対応関係にほかなりません．実変数関数の場合にディリクレが規定した「1 価対応」としての関数と同じことで，このあたりにはリーマンに及ぼされたディリクレの影響が色濃くにじんでいます．

リーマン面の姿を観察すると

　リーマン面の形をあらためて観察してみたいと思います．T は複素 z 平面 A 上に浮ぶリーマン面，P は T の点とすると，P の近傍の形は P が分岐点か否かで大きく異なります．リーマンは分岐点ではない点には特別の呼び名を附与していませんが，仮に通常点と呼ぶことにすると，P が通常点の場合には近傍は平坦で，複素平面という名の無限平面の一部分，たとえば円板と同じです．各々の通常点のまわりに円板がはりついていて，全体として曲面という名に相応しい幾何学的な図形を形作っています．

　この図形に分岐点を配置していけばリーマン面の全体像が現れます．ただし，配置される分岐点は位数が有限の分岐点だけですし，そのような分岐点には代数関数が多価性を示す状況が反映しているのですから，**代数的分岐点**という呼称がよくあてはまります．これに対し，対数関数 $\log(z-a)$ における点 a のように，代数的ではない分岐点には，代数的ではないものを超越的と呼ぶというライプニッツの流儀にならって，**超越的分岐点**と呼びたいところです．

　通常点 P の近傍は P を中心とする平面 A 上の円板と同じです．P が代数的分岐点の場合には，その近傍は通常点のまわりのように平坦ではありませんが，位数が有限であれば（A とは別の）複素平面上の円板に対応します．実際，これは学位論文で詳述されていたことですが，P の位数を $n-1$ とすると，P のらせん状の近傍は，P は平面 A の点 a の上に浮んでいるとするとき，関数

$$\zeta = (z-a)^{\frac{1}{n}}$$

により，複素 ζ 平面上の原点を中心とする円板とぴったり対応します．このような視点から観察すると，今日の語法での複素多様体の定義の文言が透けて見えてくるような感慨に誘われます．

　代数的分岐点はリーマン面に取り込まれて内点になりましたが，

超越的分岐点は境界点のままにとどまっています．代数関数や対数
関数から出発してそのリーマン面を構成するというのではなく，逆
に，リーマン面から出発して，そこに関数を作っていこうとすると
ころにリーマンのアイデアの真意が認められます．リーマン面を提示
し，関数に対していくつかの性質を課して，そのような関数はある
や否やというふうにリーマンは問い掛けました．関数の諸性質を関
数の表示式に束縛されることのない状況のもとで，非常に純粋な形
で目の当たりにしたいという意志が強く働いています．ではあります
が，代数関数と対数関数の存在領域の形状の観察がリーマン面のモ
デルになっていることは決して忘れられません．

単連結面と多重連結面

　第 11 論文に続いて，第 12 論文「2 項完全微分の積分の理論のため
の位置解析からの諸定理」では，位置解析（トポロジー）の視点からリ
ーマン面が考察されています．学位論文では「連結度」の概念が語ら
れましたが，第 12 論文では少し形を変えて「多重連結面」という言葉
になっています．

　要点のみ紹介することにして，まず多重連結面の定義は次のとお
りです．

　ある面 F において，n 本の閉曲線 $a_1, a_2, \cdots, a_n$ をこんなふうに描
くことができるとしよう．すなわち，それらのどのひとつをとっ
ても，あるいはいくつかを合せても，いずれにしてもこの面のあ
る部分域の完全境界が形成されることはない．しかし，これらの
曲線に，それらとは別のどのような閉曲線を合せても，面 F の
ある部分域の完全境界が形成される，というふうに．このとき面
F は，$(n+1)$ 重連結と呼ばれる．

単連結面はいわば「1 重連結面」ですが，これはつまり「どのような閉曲線も，その面のある部分域の完全境界になるという性質を備えた面」のことです．単連結ではない面を総称して多重連結面と呼ぶというのがリーマンの語法です．たとえば円板は単連結．二つの同心円で囲まれた環状面は 2 重連結です．

　多重連結面を切り開くと単連結面に変換されます．リーマンの言葉を再現すると，

　　$(n+1)$ 重連結面は，それをばらばらの断片部分に切り離すことのないどのような横断線をとっても，その横断線に沿って切り開くことにより，n 重連結面に変換される．

という言明が可能です．このような操作を n 回にわたって続けていくと，最後に単連結な面が得られます．

　代数関数の場合には，複素平面に無限遠点を添加してリーマン球面を作り，リーマン球面上に広がるリーマン面を考えていかなければならず，これを実行すると代数関数のリーマン面は「閉じた面」になります．境界がないために上述の手順をそのまま適用することはできませんが，ある任意の 1 点を取り除くと，除去された点が境界になって閉じた面は境界つきの面に変換されます．そこでその点から出発して同じ点にもどってくる 1 本の横断線（必然的に閉曲線になります）を引き，まずはじめにこの線に沿って面を切り開きます．ここから先は先ほどの手順を繰り返すことにより，単連結面に変換されます．リーマンはトーラスを例に挙げています．トーラスの表面は閉じた 3 重連結面ですが，1 本の閉曲線と 1 本の横断線に沿って切り開くと単連結になります．

　リーマンは単連結面，2 重連結面，3 重連結面の模型図を挙げていますので，それらを紹介しておきたいと思います．図の説明もリーマンによるものです．

図1　単連結面

この図では，どのような横断線を描いても断片に分かたれる．また，どのような閉曲線も，この面のある部分域の完全境界を形成する．
（リーマンの第12論文「2項完全微分の積分の理論のための位置解析からの諸定理」より）

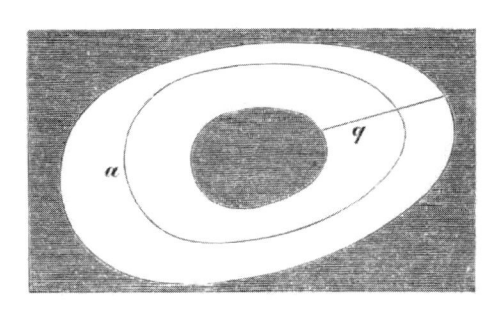

図2　2重連結面

この面は，これをいくつかの断片に分けることのないどのような横断線 q に沿って切り開いても単連結面になる．この面では，どのような閉曲線も，曲線 a といっしょになってある部分域の境界全体を形成する．（同上）

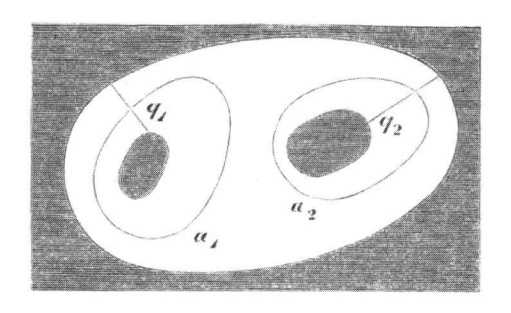

この面では，どのような閉曲線も，曲線 a_1 および a_2 といっしょにな
って，この面のある部分域の境界全体を形成する．この面は，これを
いくつかの断片に分けることのないどのような横断線に沿って切り開
いても 2 重連結面になる．また，そのような 2 本の横断線 q_1 と q_2
に沿って切り開くと単連結面になる．（同上）

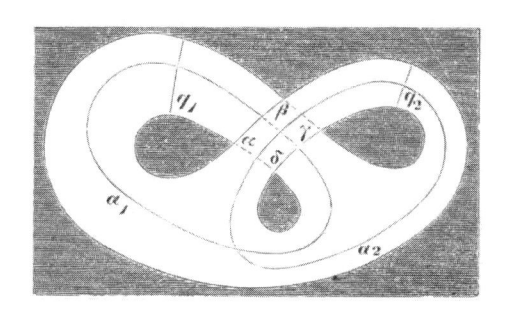

この面は，平面上の部分域 $\alpha\beta\gamma\delta$ の上で 2 重に重なっている．この面
の，a_1 を含む枝はもうひとつの枝の下部を走っているとみなされてい
る．この状勢を明示するため，その部分は点線で描かれている．（同上）

図3　3重連結面

　多重連結面を切り開いて単連結面に変換するのはなんのためなの
でしょうか．その理由はすでに学位論文において語られていたとお
りですが，リーマンは，「この手続きは代数関数の積分の研究にあ
たって大きな力となる」と明記しています．この言葉に託されたリー
マンの数学的意図を諒解するには，続く第 13 論文

　「1 個の複素変化量の関数の，境界条件と不連続性条件による決
　　定」

を俟たなければなりません.

第 12 章　アーベル関数の理論

関数を決定するもの

『ボルヒャルトの数学誌』, 第 54 巻 (1857 年) に掲載されたリーマンの 4 論文 (第 11–14 論文) のうち, 3 番目の第 13 論文には,

「1 個の複素変化量の関数の境界条件と不連続性条件による決定」

という表題が附されています. 第 11 論文のテーマは正則関数の概念規定とリーマン面の導入. 第 12 論文ではリーマン面の多重連結性の概念が語られましたが, そのねらいはリーマン面上で 2 項微分式の積分を考えようとするところにありました. 第 13 論文に移ると, 関数の決定条件が取り上げられて議論が続きます. ここで関数というのはリーマンのいう意味での関数で, 今日の語法では正則関数もしくは解析関数が該当します.

次に引くのは第 13 論文の書き出しの部分です. これを読むと, 関数の決定条件の探索ということが重要なテーマになる理由が諒解されます.

平面上の点の直交座標を x, y で表そう. この平面において, ある有限な線に沿ってある $x+yi$ の関数 (註. リーマンのいう意味での関数) の値が与えられたとしよう. そのとき, たとえその関数

はその線をこえてさらに連続的に接続可能であるとしても，そのような接続はただひと通りの仕方でしか可能ではありえない．したがって，この関数はそのようにして完全に決定される．ところが，もしこの関数がその線をこえて，その両側に隣接する面分上に連続的に接続可能であるとするなら，この関数はその線に沿ってさえ，任意の値を受け入れるというわけにはいかない．なぜならこの関数は，この線のたとえどれほど短い有限部分であろうとも，その部分に沿って値が与えられたなら，それだけですでに，残りの部分における値も決定されてしまうからである．（註．今日の語法でいう「一致の定理」．第 11 論文でも言及されていました．）

　関数概念に対応の 1 価性だけを課すのであれば，関数のとりうる値は任意であることになりますから，関数の決定条件ということは問題になりません．これに対し，リーマンのいう関数は単なる 1 価対応ではなく，今日の語法でいうコーシー＝リーマンの偏微分方程式を満たすという条件により束縛されています．それに起因して「一致の定理」が成立し，リーマン面上の関数は，どれほどでも短い線分上で値が指定されても，それだけで全局的に関数値が決定されてしまいます．しかも，短い線分上で値を指定する様式もまた任意ではありえません．それならリーマン面上で関数を指定するというのは，どのような状況を意味するのでしょうか．

　ここにおいて，関数を決定するものは何かという問題が発生することになります．関数とは何かという問いに続いて必然的に出現する基本中の基本の課題であり，リーマンに思索を迫ったのはこの問題ですが，リーマンは**ディリクレの原理**をもってこれに応えました．リーマンに独自の創意がこのあたりの消息によく現れています．

ディリクレの原理をめぐって

　リーマンはベルリン大学に滞在したおりにディリクレの講義を聴いてディリクレの原理を学びました．ディリクレの原理を語るリーマンの言葉を再掲します（122頁参照）．

　　超越関数の研究の基礎として，何よりもまず超越関数を決定するのに十分な，相互に独立な一系の諸条件を提示する必要がある．この要請に応えるために，多くの場合，わけても代数関数の積分とその逆関数の場合に対しては，ある原理を用いることができる．それはディリクレが —— たぶん，ガウスの類似のアイデアに誘われて —— 距離の平方の逆数に比例して作用する力に関する講義の中で，ラプラスの偏微分方程式を満たす3個の変化量の関数を対象にして上記の問題（註．「超越関数を決定するのに十分な，相互に独立な一系の諸条件を提示する」という問題）を解決するために，長い年月にわたって常々表明してきた原理である．

　リーマンはディリクレに学び，そのディリクレはガウスのアイデアに誘われたのだとリーマンは語っています．ラプラスの偏微分方程式を満たす関数というのは調和関数のことですから，ディリクレは3変数の調和関数を決定する力のある諸条件の探索をめざして，「ある原理」を使用したという状況が想定されます．しかもディリクレはその原理を「長い年月にわたって常々表明してきた」のでした．ガウスからディリクレへ．ディリクレからリーマンへ．何かしら特異な性格を備えた基本原理が伝えられたのでした．

　ところが，リーマンの見るところ，この原理を超越関数の理論に応用しようとすると，あるひとつの場合が特別に重要になります．どのような場合かというと，リーマンによると，**関数の決定が行われるべき領域のいくつかの特定の点において，あらかじめ指定された不連続性を受け入れなければならない**という場合です．関数の決

定が行われるべき領域にいくつかの特定の点が分布していて，各々の点においてあらかじめ不連続関数を指定しておきます．このとき，探索したいのは，各点において，**与えられた不連続関数と同じ様式で不連続になる関数**，言い換えると，そのような不連続関数と比較するとき，その点において連続な何らかの関数だけの食い違いしか見られない関数です（第8章で，リーマンの言葉をそのまま訳出して紹介しました．122–123頁参照）．

　このような関数を探索しようとする場合には，ディリクレの講義において見られるような単純な形でディリクレの原理を適用することはできないと，リーマンは明記しています．ディリクレのアイデアはあくまでもアイデアであり，それを生かすための苦心の場において，リーマンの創意が現れます．リーマンはディリクレの講義を聴講して知りえたディリクレの原理をそのままの形で適用したのではないことに，くれぐれも留意したいと思います．

ディリクレの原理による関数の決定

　ディリクレの原理によりリーマン面上に関数を構成する方法については，学位論文で詳しく説明されて，定理の形にまとめられました（第9章「解析関数を作る」参照）．第13論文の記述に沿って再現すると，次のとおりです．

　連結面 T は横断線に沿って切り開かれて単連結面 T' に変換されるとする．この連結面 T において，x, y の複素関数 $\alpha + \beta i$ が与えられたとして，この関数に対し，面全体にわたって遂行される積分

$$\int \left(\left(\frac{\partial \alpha}{\partial x} - \frac{\partial \beta}{\partial y} \right)^2 + \left(\frac{\partial \alpha}{\partial y} + \frac{\partial \beta}{\partial x} \right)^2 \right) dT$$

はある有限値をもつとしよう．このとき，下記の諸条件をみたす

x, y の関数 $\mu+\nu i$ を差し引くことにより，つねに，しかもただひと通りの仕方で，この関数を $x+yi$ の関数に変えることができる．

1) μ は境界上で 0 に等しいか，あるいは，0 と異なるとしても，それはいくつかの点においてのみのことにすぎない．

2) T における μ の変分，T' における ν の変分の様子を見ると，不連続になるのはいくつかの点においてのみである．しかもその不連続性の度合いは，面全体にわたる積分

$$\Omega(\alpha) = \int \left(\left(\frac{\partial \mu}{\partial x} \right)^2 + \left(\frac{\partial \mu}{\partial y} \right)^2 \right) dT$$

および

$$\int \left(\left(\frac{\partial \nu}{\partial x} \right)^2 + \left(\frac{\partial \nu}{\partial y} \right)^2 \right) dT$$

が有限にとどまるという程度にすぎない．また，μ の変分は横断線に沿って，その両側において等しい．

関数 α, β は不連続性をもってもかまいませんが，積分 $\Omega(\alpha)$ が無限大になることはないという制限が課されます．

リーマンの言葉が続きます．関数 $\alpha+\beta i$ は，その微分商が無限大になる地点において，そこで不連続になるある与えられた $x+yi$ の関数（これはリーマンのいう関数です）と同じ様式で不連続になるとします．また，孤立点における値の修正を通じて除去可能な不連続性はもたないものとします．このとき，積分 $\Omega(\alpha)$ は有限にとどまり，$\mu+\nu i$ はいたるところで連続になることを，リーマンは注意しました．**関数 $\alpha+\beta i$ の不連続性が $x+yi$ の関数の不連続性として指定される**ところに，この議論の要点が認められます．

この注意事項を上記の定理と組合わせると，$x+yi$ の関数が次のように定められます．まず，その関数はリーマン面 T の内部において，指定された不連続性を受け入れます．ただし，その関数の虚部

は横断線に沿って不連続性を示します．また，その関数の実部は，T の境界において，境界上のいたるところで任意に与えられた値をとります．このような状況を指して，リーマンは「境界条件と不連続性条件による関数の決定」と呼んだのでした．

関数の微分商が無限大になるような各々の点において不連続性が指定されているのですが，その不連続性は，その地点で不連続性を示すある $x+yi$ の関数の不連続性として規定されています．

アーベル関数の理論

第 11, 12, 13 論文で学位論文のエッセンスが紹介されたのちに第 14 論文「アーベル関数の理論」が続き，ここにおいてリーマンの複素関数論のねらいが明るみに出されました．序文の末尾にこの方面の研究の経緯が略記されています．それによると，「アーベル関数の理論」は最後の 2 節（第 26 節と第 27 節）を除いて，1855 年のミカエル祭から 1856 年のミカエル祭の日まで，ゲッチンゲン大学で行った講義の一部分の抜粋ということです．ミカエル祭というのは天使長ミカエルを祝う祭典で，9 月 29 日ですから，アーベル関数論を講義したのは 1855 年の冬学期と 1856 年の夏学期のことになります．「アーベル関数の理論」の最後の 2 節については，この講義のころにはスケッチしただけにとどまりました．

学位論文をゲッチンゲン大学に提出したのは 1851 年 12 月のことですが，ちょうどそのころ，1851 年の秋から翌 1852 年のはじめにかけて，多重連結リーマン面の等角写像に関する研究を通じて第 1-5, 9 節と第 12 節，それにそのために必要となる予備的諸定理へと導かれたということです．学位論文の複素変数関数論とアーベル関数論の不可分の関係がよく伝わってきます．

学位論文の提出ののち，ほかにも研究課題があったため，リーマンはいったんアーベル関数論から離れました．1854 年 6 月には教授資格取得のための試験講演に応じ，私講師になっています．再びア

ーベル関数論の研究に立ち返ったのは 1855 年の復活祭のころ．復活祭は春分の日以後の最初の満月ののちの日曜日ということですから，春 3 月のころのことになりますが，9 月のミカエル祭までに「アーベル関数の理論」の第 21 節までを書きました．残る部分は 1856 年のミカエル祭までに書き加えたとのことですから，講義を進めながら完成をめざして苦心を重ねていたのでした．

代数関数とリーマン面

リーマンのいうアーベル関数というのは代数関数の積分のことで，積分が行われる場所は代数関数のリーマン面です．リーマンの叙述に沿って，複素変数 z の代数関数を考えてみます．z の整関数（多項式と同じ）を係数にもつ n 次の既約代数方程式を書き下し，その根を s で表します．この s が z の代数関数です．z の各々の値に対して，一般に s の n 個の値が対応しますから，s は n 価関数です．それらの値は無限大になることもありますが，そのようなことが起らない限り，z とともに連続的に変化します．

リーマンは代数関数をこのように説き起こしましたが，ここにはオイラー以来の流儀が踏襲されています．代数関数の値は無限大になることもあります．また，いくつかの z に対し，s の分岐が発生することがあり，その場合には対応する s の値は n 個より少なくなります．

ひとまずこんなふうに述べたのちに，リーマンは

この関数の分岐様式を z 平面上に広がる非有界面 T を用いて表示すると，この面は z 平面のどの部分域の上にも n 重に重なっている．そうして s はこの面の場の 1 価関数である．

と，リーマンに独自の視点を打ち出しました．T は代数関数 s のリーマン面で，非有界ですが，無限遠に境界をもつ面と考えるのでは

なく，無限遠に位置する境界もまた T の一部分と考えます．そうすると T は境界をもたない面，言い換えると閉じた面になります．無限遠点 $z = \infty$ において関数 s が分岐しないなら，$z = \infty$ の上方には T の n 個の点が分布しています．

　z の n 価関数 s は T 上の関数と見ると 1 価関数ですが，s と z の有理関数もまた T 上の 1 価関数であり，一般に s と同じ様式で分岐する代数関数です．そのような関数の積分を作ると，それがリーマンのいうアーベル関数です．リーマンはこのように話を進め，

　　われわれの考察のテーマとなるのは，このような同じ様式で分岐するさまざまな代数関数とそれらの積分のつくる系である．

と宣言しました．これで探究の対象が確定しましたが，その直後にリーマンは「しかし」と言葉をあらためて，

　　われわれはこれらの関数のこのような様式の表示から出発するのではなく，ディリクレの原理を適用して，これらの関数をその不連続性を通じて規定したいと思う．

と言い添えました．閉じたリーマン面に到達するまでの自然な歩みをみずからの手で一挙にくつがえしてしまうかのような，いかにも不可解な印象の伴う言葉です．

　代数方程式から出発して 1 個の代数関数を手に入れるというのはごく自然な道筋で，オイラーもアーベルもそうしていました．代数関数というのはもともとそういうものですし，なお一歩をすすめて閉じたリーマン面を作るというアイデアを提示すれば，分岐様式を同じくするあらゆる代数関数とその積分を同一のリーマン面上で考察するという，画期的な世界が開かれます．それでもリーマンは不満を隠そうとしませんでした．

　代数方程式を足場にして代数関数の世界に分け入ると，そこには

閉じたリーマン面が一杯に広がっています．閉じたリーマン面は代数関数を理解するための方便ではなく，閉じたリーマン面こそ，かえって代数関数がそこで生育して繁茂する本来の場所である．代数関数のリーマン面を作るのではなく，はじめから閉じたリーマン面から出発し，代数関数を閉じたリーマン面上の関数と諒解してその積分を考えていくべきである．リーマンはそのように語っています．

アーベルの論文より

アーベルの論文「楕円関数研究」（1827–28 年）の冒頭に

$$\int \frac{Rdx}{\sqrt{\alpha+\beta x+\gamma x^2+\delta x^3+\varepsilon x^4}}$$

という積分が書かれています．ここで，R は変化量 x の有理関数，$\alpha,\beta,\gamma,\delta,\varepsilon$ は実定量を表しています．アーベルはこの積分を（楕円積分ではなく）楕円関数と呼び，それからルジャンドルによる楕円関数の変形を語りました．あらゆる楕円関数は適当な変数変換を重ねていくことにより，

$$\int \frac{d\theta}{\sqrt{1-c^2\sin^2\theta}},\ (c \text{ は定量})$$

$$\int d\theta\sqrt{1-c^2\sin^2\theta},\ (c \text{ は定量})$$

$$\int \frac{d\theta}{(1+n\sin^2\theta)\sqrt{1-c^2\sin^2\theta}},\ (n,c \text{ は定量})$$

という 3 通りの形の積分に帰着されていきます．ルジャンドルはこの還元過程を明示し，これらの 3 種類の積分に対してそれぞれ**第 1 種楕円関数，第 2 種楕円関数，第 3 種楕円関数**という呼び名を与えました．

アーベルのもうひとつの論文「ある種の超越関数の 2, 3 の一般的性質に関する諸注意」（1828 年）を見ると，冒頭に「最も一般的な楕円

関数」（アーベルの言葉）が記されています．それは

$$\psi x = \int \frac{rdx}{\sqrt{R}}$$

という形の積分です．ここで，r は x の任意の有理関数，R は同じ変化量 x の 4 次をこえない整関数を表していますが，アーベルは R の次数を 4 次をこえる任意の数値にした場合の積分を取り上げました．それが論文の表題に見られる「ある種の超越関数」で，超楕円関数もしくは超楕円積分という呼称もよくあてはまります．このような関数を対象にして加法定理を探求しようとするところに，アーベルのねらいがありました．

　アーベルの語法で注目に値するのは，楕円関数や超楕円関数を指して，**何かある代数的微分式の積分**と呼んでいることです．アーベルの最後の論文「ある超越関数族のひとつの一般的性質の証明」（1829 年）に移ると，冒頭に変化量 x の整関数 $p_0, p_1, p_2, \cdots, p_{n-1}$ を係数とする既約方程式

$$0 = p_0 + p_1 y + p_2 y^2 + \cdots + p_{n-1} y^{n-1} + y^n$$

が書き下されています．続いてこの方程式を満たす関数を y とし，y と x の任意の有理関数 $f(x, y)$ に対して，積分

$$\psi(x) = \int f(x, y) dx$$

が提示されるという順序で話が進みます．アーベルは積分 $\psi(x)$ に特別の呼び名を与えていませんが，これがリーマンのいうアーベル関数で，アーベルはもっとも一般的な代数関数 y と，もっとも一般的なアーベル関数 $\psi(x)$ を考えていることがわかります．リーマンは「同じ様式で分岐するさまざまな代数関数とそれらの積分の作る系」が考察のテーマであることをひとまず明記しましたが，それはリーマンに先立ってアーベルが到達したテーマでもありました．

　$\psi(x)$ は関数 $f(x, y)$ の積分というよりも，代数的微分式 $f(x, y) dx$ の積分と考えられていますが，ここにはオイラーの影響が

認められます．オイラーの語法によると，X は変化量 x の関数とするとき，微分式 Xdx の積分というのは等式

$$dy = Xdx$$

を満たす変化量 y のことであり，オイラーはこれを積分記号を用いて

$$y = \int Xdx$$

と表記しました．アーベルはこの流儀を踏襲しています．リーマンもまたこの流れに身を置いていますが，リーマン面を造型し，代数方程式からではなくリーマン面から出発するところに，オイラー，アーベルを乗り越えていこうとする意志が現れています．

リーマン面上の関数とその積分

閉じたリーマン面を代数関数が生育する場所と見て，そこで代数的微分式の積分，言い換えるとリーマンのいうアーベル関数を考えるためには，何よりも先にアーベル関数を構成していかなければなりません．T は閉じたリーマン面とし，T を横断線の系に沿って切り開いて単連結な面 T' に変換しておきます．

論文「アーベル関数の理論」ではまず「いたるところで有限な関数」が取り上げられました．リーマンによる別名は**第1種積分**で，楕円関数の場合なら，ルジャンドルのいう第1種楕円関数に相当します．この関数はつねに有限にとどまり，T' の内部ではいたるところで連続です．次にリーマンが取り上げたのは，「面 T のある1点においてのみ無限大になり，しかもその点における無限大の位数は1に等しい」という関数です．別名は**第2種積分**で，楕円関数の場合の第2種楕円関数に相当します．最後に取り上げられたのは，「面 T の二つの点において対数的に無限大になる関数」です．別名は**第3種積分**で，第3種楕円関数に相当します．これで面 T 上に3種類の基本的

なアーベル関数の概念が定まりました.

　アーベルがそうしたように完全に一般的な形の代数的微分式の積分（リーマンのいうアーベル関数）を考えていけば，楕円関数論の場合を範型にして，3 種類の積分への区分けへとおのずと導かれていきます.　基本概念の設定という点ではこれでよいとして，これらの関数がはたして本当に存在するか否かが問題になります.　この課題に応えるのが，ディリクレの原理を基礎とする関数の存在定理です.

　閉じたリーマン面上で代数関数論を展開するというリーマンのアイデアは，こうして実在感を帯びることになりました.　アーベルの加法定理は閉じたリーマン面上に移されて新たな姿形を獲得し，アーベルの加法定理を受けてヤコビが提唱した**ヤコビの逆問題**もまた解決されるというふうで，オイラー以来の代数関数論はまったく新たな衣裳をまとい，面目を一新しました.　その様子をリーマンの歩みに沿って精密に観察する作業がなお残されていますが，よい機会の訪れを俟ちたいと思います.

索 引

著者紹介：

高瀬 正仁（たかせ・まさひと）

昭和 26 年（1951 年），群馬県勢多郡東村（現在みどり市）に生れる．数学者・数学史家．
専門は多変数関数論と近代数学史．2009 年度日本数学会賞出版賞受賞．歌誌「風日」
同人．

著書：

『双書⑪・大数学者の数学／アーベル（前編）不可能の証明へ』．現代数学社，2014 年．

『双書⑯・大数学者の数学／アーベル（後編）楕円関数論への道』．現代数学社，2016 年．

『リーマンと代数関数論：西欧近代の数学の結節点』．東京大学出版会，2016 年．

『古典的名著に学ぶ微積分の基礎』．共立出版，2017 年．

『ガウスに学ぶ初等整数論』．東京図書，2017 年．

『岡潔先生をめぐる人びと フィールドワークの日々の回想』．現代数学社，2017 年．

『数学史のすすめ 原典味読の愉しみ』．日本評論社，2017 年．

『双書⑰・大数学者の数学／フェルマ 数と曲線の真理を求めて』．現代数学社，2019 年．

『数論のはじまり フェルマからガウスへ』．日本評論社，2019 年．

他多数

リーマンに学ぶ複素関数論
——1変数複素解析の源流——

2019 年 6 月 20 日　　　　　　　　　　　初版 1 刷発行

検印省略

© Masahito Takase, 2019
Printed in Japan

ISBN 978-4-7687-0510-0

著　者　　高瀬正仁
発行者　　富田　淳
発行所　　株式会社　現代数学社
　　　　　〒606-8425 京都市左京区鹿ヶ谷西寺ノ前町 1
　　　　　TEL 075 (751) 0727　FAX 075 (744) 0906
　　　　　http://www.gensu.co.jp/

装　幀　　中西真一（株式会社 CANVAS）

印刷・製本　　亜細亜印刷株式会社